垂直磁记录材料$L1_0$-FePt薄膜的微观结构与织构控制

李　玮　王炫力　王　研　著

燕山大学出版社
·秦皇岛·

图书在版编目（CIP）数据

垂直磁记录材料 $L1_0$-FePt 薄膜的微观结构与织构控制 / 李玮，王炫力，王研著．
—秦皇岛：燕山大学出版社，2023.5

ISBN 978-7-5761-0520-9

Ⅰ．①垂… Ⅱ．①李… ②王… ③王… Ⅲ．①磁膜材料－研究 Ⅳ．①TM271

中国国家版本馆 CIP 数据核字（2023）第 082124 号

垂直磁记录材料 $L1_0$-FePt 薄膜的微观结构与织构控制

CHUIZHI CIJILU CAILIAO $L1_0$-FePt BAOMO DE WEIGUAN JIEGOU YU ZHIGOU KONGZHI

李　玮 王炫力 王　研 著

出 版 人：陈　玉
责任编辑：王　宁　　策划编辑：王　宁
责任印制：吴　波　　封面设计：刘韦希
出版发行：燕山大学出版社 YANSHAN UNIVERSITY PRESS　　电　　话：0335-8387555
地　　址：河北省秦皇岛市河北大街西段 438 号　　邮政编码：066004
印　　刷：涿州市般润文化传播有限公司　　经　　销：全国新华书店

开　　本：710 mm×1000 mm　1/16　　印　　张：10.25
版　　次：2023 年 5 月第 1 版　　印　　次：2023 年 5 月第 1 次印刷
书　　号：ISBN 978-7-5761-0520-9　　字　　数：150 千字
定　　价：42.00 元

前　言

$L1_0$-FePt 薄膜由于具有极高的单轴磁晶各向异性、高的饱和磁化强度以及良好的耐腐蚀性能，是目前热辅助垂直磁记录技术的首选材料。在制备$L1_0$-FePt薄膜的过程中，必须对沉积态FePt薄膜进行退火或者高温沉积处理来完成有序化转变，以获得$L1_0$有序相；同时，必须使易磁化轴[001]轴垂直于薄膜表面，形成{001}纤维织构，才能实现$L1_0$-FePt薄膜的垂直磁各向异性，从而满足垂直磁记录技术的实际应用需求。本书主要介绍FePt薄膜在有序化转变过程中微观结构的变化以及纤维织构的演化规律，为提高$L1_0$-FePt薄膜的{001}纤维织构提供技术参考。

在磁控溅射制备FePt薄膜的过程中，溅射气压对FePt薄膜有序化转变产生影响。在沉积态时，随着溅射气压的增加，薄膜内岛的尺寸逐渐增大，团簇的程度越来越严重，使得表面粗糙度增大，同时结晶性越来越差，薄膜内部的缺陷越来越多。这种微观结构的变化使薄膜的有序化过程与晶粒的长大过程均受到了阻碍，因此需要更高的退火温度才能发生有序化转变。所以为了降低FePt薄膜的有序化转变温度，应该用尽可能低的溅射气压来制备内部缺陷少、结晶性良好的沉积态薄膜，以此来促进有序化转变的进行。

通过模型计算$L1_0$-FePt薄膜的各向异性弹性常数，并根据该弹性常数得到了$L1_0$-FePt薄膜的各向异性双轴弹性模量。在此基础上，计算有序化转变后的$L1_0$-FePt薄膜各向异性弹性应变能。结果表明，在FePt薄膜处于无面内应变或面内拉伸应变的状态下发生有序化转变时，$L1_0$-FePt薄膜的{001}面具有最小的弹性应变能，因此更容易形成{001}纤维织构。与此同时，本书深入分析了FePt薄膜在随炉升温退火过程中的微观结构特征和纤维织构演化规律。有序化转变前，沉积态FePt薄膜和400 °C退火态FePt薄膜均具有较弱的{111}纤维织构。而在550 °C发生有序化转变后，薄膜内的{111}纤维织构减弱，并且开始有{001}纤维织构出现。当退火温度升高到600 °C时，薄膜内的{001}纤维织构有一定的增强，但始终没有出现强的{001}纤维织构。随着退火温度的进一步升高，700 °C退火态$L1_0$-FePt薄膜内{001}纤维织构的强度严重下降，这是因为在其沉积态薄膜内存在生长孪晶，而经过700 °C退火后形成了大量的多重孪晶，这种多重孪晶的出现是{001}纤维织构弱化的重要原因。在薄膜制备的过程中，为了避免导致{001}纤维织构弱化因素的出现，对$L1_0$-FePt薄膜的制备工艺进行了优化。通过将退火方式改为到温入炉以加快升温速率，并且调整FePt薄膜的厚度来降低孪晶出现的频率，成功地在非晶态SiO_2基底上制备出了具有强{001}纤维织构的$L1_0$-FePt薄膜，并实现了垂直磁各向异性。另外，采用到温入炉的方式进行有序化退火，在提高升温速率的情况下，可以大幅度减少晶粒长大的时间，使薄膜在保持较大面内拉伸应变的状态下进行有序化转变，从而促进了{001}纤维织构的形成。

通过以上对FePt薄膜在有序化转变过程中微观结构的变化以及{001}纤维织构形成机制的系统研究，提出了在非晶态SiO_2基底上制备强{001}纤维织构$L1_0$-FePt薄膜的方法，从而对提高$L1_0$-FePt薄膜的磁性能提供有价值的参考依据。

前言

本书以介绍制备具有强{001}纤维织构的$L1_0$-FePt薄膜为主要内容，探索了FePt薄膜在磁控溅射和有序化退火过程中的微观结构演化规律与织构形成机理，丰富了各向异性薄膜材料的理论基础与实践应用，并为利用织构调控技术实现垂直磁各向异性$L1_0$-FePt薄膜材料的制备以及应用与工业化生产奠定了理论和技术基础，具有十分重要的现实意义。本书共5章，主要内容包括FePt薄膜的结构与性质介绍、制备工艺以及微观结构和织构的变化规律。

本书由王炫力负责第1章至第2章的编写与改稿，李玮负责第3章至第5章的编写与改稿以及全书的最后定稿，王研负责全书的统稿和审稿。燕山大学出版社和内蒙古科技大学在本书的出版过程中给予了大力支持，在此谨表谢意。在编写过程中，编者参考了一些文献资料，特向原作者表示感谢。由于编者水平有限，书中难免存在诸多问题和不足，恳请读者不吝指正。

目 录

第1章　绪　　论

众所周知，我们已经进入了高速发展的信息化时代，计算机和互联网技术被广泛地应用于各个领域，并且发挥着不可替代的作用。特别是近年来，随着云存储技术的飞速发展以及“互联网+”概念的提出，人们需要处理和存储的数据、图像、音频和视频等数字化信息越来越多，这种信息流量的爆炸式增长，使得整个社会对于信息存储系统的需求越来越高，在一定程度上推动了信息存储技术的快速发展。目前，在种类繁多的信息存储设备中，磁记录硬盘由于具有大容量、高读写速度以及可擦写等特点，已成为现如今重要的信息存储方式之一。

早在20世纪50年代末期，IBM公司生产出了第一代磁记录硬盘，该硬盘的总容量只有5 MB，面记录密度约为2 Kbits/in^2。直到1988年，Grünberg和Fert发现了巨磁电阻效应（giant magnetoresistance effect），并将其应用于硬盘的磁头中，使得磁记录硬盘的存储密度大幅提高，达到了10 Gbits/in^2。一般情况下，硬盘的存储密度越高，意味着磁记录单元的尺寸越小，但是，当记录单元的尺寸小于10 nm时，存储环境的热扰动会使记录单元的磁矩在没有外加磁场的情况下发生改变，从而引起超顺磁效应，造成数据丢失并影响磁记录介质的热稳定性。由于受到这种超顺磁效应的限制，采用纵向磁记录技术（外加磁场平行于磁盘表面）的磁记录硬盘已经达到了它的极限密度（130 Gbits/in^2），自2005年起，它开始被垂直磁记录技术（外加磁场垂直于磁盘表面）所取代。但是，随着磁记录密度接近1 Tbits/in^{2}或者更高，当前使用的硬盘磁记录介质CoPtCr-SiO_2已经不能满足超高密度磁记录发展的需求，这是因为磁记录介质材料必须满足$K_uV/k_BT>60$（其中K_u是磁晶各向异性常数，V是磁性晶体体积，k_B是玻尔兹曼常数，T是环境温度），才能达到磁记录单元的热稳定性要求，避免出现超顺磁效应。但是，为了提高磁记录硬盘的存储密度，需要尽可能地减小磁记录单元的尺寸（磁性晶体体积V），而此时若要满足上述条件，需要选择具有高K_u值的磁记录介质材料。同时，高的K_u值又会带来极大的矫顽力，其远远超过了写入磁头所能提供的磁场，这就是目前垂直磁记录技术所遇到的“三角困境”。为了突破这种困境，采用热辅助技术来降低写入时存储介质的矫顽力，使得具有更高K_u值的材料可以作为存储介质，从而进一步提高硬盘的存储密度。$L1_0$-FePt合金由于具有极高的单轴磁晶各向异性（K_u=6.6×10^7 J/m^3）、高的磁化强度（μ_0M_s=1.43 T）以及良好的耐腐蚀性能，成为热辅助垂直磁记录技术的首选介质材料。在FePt二元合金体系中，高温下的稳定相为无序的面心立方（FCC）结构，低温下的稳定相为有序的四方结构，又称为$L1_0$相，其中FCC结构的FePt合金为软磁相，矫顽力低，磁晶各向异性小，只有当FePt合金以$L1_0$有序相存在时，才具有高的磁晶各向异性。但是，对于FePt薄膜来说，通过室温溅射方法制备的沉积态FePt薄膜为无序的FCC结构，需要提高溅射时的温度或者经过后续的退火处理，才能得到具有高磁晶各向异性的$L1_0$-FePt薄膜。一般情况下，沉积态的FePt薄膜只有经过550 °C以上的退火处理后，才会发生有序化转变形成$L1_0$-FePt薄膜，这不仅给工业生产带来了困难，还会造成$L1_0$-FePt薄膜内的晶粒长大，阻碍磁记录密度的提高，因此，降低FePt薄膜的有序化转变温度是十分必要的。此外，只有当$L1_0$-FePt薄膜的易磁化轴[001]轴垂直于薄膜表面时，才会具有垂直磁晶各向异性。也就是说，只有具有{001}纤维织构的$L1_0$-FePt薄膜才能作为垂直磁记录硬盘的介质材料。因此，如何降低FePt薄膜的有序化转变温度以及增强FePt薄膜的{001}纤维织构是促进垂直磁记录技术发展的关键，是目前国内外研究的热点。

1.1 磁记录材料

1.1.1 磁记录材料与技术发展

磁记录的概念最早是1888年由美国人O. Smith提出的，他希望通过利用不同强度的微小永磁体进行录音。直到1898年，丹麦人V. Poulsen 发明了钢丝式磁录音机，使得磁记录有了真正的实用意义。表1-1简要列举了磁记录及磁记录介质的发展历史。可以看出，此后的100多年里，随着科学技术的迅猛发展，磁记录技术也经历了许多革命性的突破，最终成为当今新信息时代使用较为广泛的存储技术之一，在各个领域都发挥着重要的作用。

表1-1 磁记录及磁记录介质的发展历史

年份	磁记录及磁记录介质的发展
1888年	O. Smith关于磁性录音机论文的发表
1898年	V. Poulsen磁性录音机的发明（直流偏压法）
1921年	Carlsen和Capenter发明了AC偏磁记录
1928年	德国人F. Pfleumer发明了Fe_3O_4涂布型磁带
1932年	英国BBC用钢丝磁带广播

（续表）

年份	磁记录及磁记录介质的发展
1938年	交流偏磁法的发明
1945年	家用录音机商品化
1947年	美国3M公司生产9英寸直径磁盘，磁带机用于计算机存储
1951年	磁鼓和磁盘用作计算机存储器，记录层用Ni-Co膜或氧化物涂层
1955年	日本Sony公司制造了第一台家用立体声磁带录音机
1957年	美国IBM公司推出350硬磁盘机，发明磁盘存储器，使磁记录设备成为电子计算机的重要外存设备
1971年	Hunt提出利用磁电阻效应作为磁盘读出磁头的设想
1973年	IBM使用Winchester磁盘技术
1977年	岩崎俊一教授提出垂直磁记录方案，美国Shugart公司研制成5.25英寸软磁盘机
1980年	Shugart公司研制成5.25英寸硬磁盘，Sony公司开发出3.5英寸软磁盘
1985年	美国IBM公司制出第一个实用化的MR磁头
1988年	Baibich等用分子束外延制备出Fe/Cr超晶格，发现巨磁电阻效应
1990年	IBM公司开发出磁阻感应复合型薄膜磁头，硬磁盘的面记录密度达到了0.155 $Gbits/cm^2$
1991年	Parkin等用溅射法制备了Co/Cu多层膜（结构多晶），具有更大幅度的磁电阻效应，日立公司报道了利用MR双元件磁头实现0.31 $Gbits/cm^2$的高密度纪录
1994年	IBM公司发现超巨磁电阻效应，宣布利用GMR效应研制成硬盘读出磁头原型，可将磁盘面记录密度提高到1.55 $Gbits/cm^2$
1999年	IBM公司报告面记录密度已达到5.47 $Gbits/cm^2$
2000年	Read-Rite公司展示了面记录密度为9.8 $Gbits/cm^2$的硬盘
2000年	Fujitsu和IBM公司展示了反铁磁记录介质构成的硬盘，面记录密度达到16 $Gbits/cm^2$
2002年	Fujitsu公司制造CPP模式的GMR磁头，输出可提高3倍，有望和反铁磁耦合介质结合起来，理论上面记录密度可达到56 $Gbits/cm^2$
2004年	美国希捷公司制作出TMR磁头，可用于读取面记录密度为23 $Gbits/cm^2$的纵向磁记录硬盘

（续表）

年份	磁记录及磁记录介质的发展
2004年	美国希捷公司首次利用垂直磁记录技术使硬盘面记录密度达到15.5 Gbits/cm^2
2004年	美国希捷公司提出热辅助磁记录，有望解决高K_u值磁介质的写入问题，将大幅提高硬盘面记录密度
2006年	美国希捷公司发布首款容量为160 GB的垂直磁记录硬盘
2007年	美国希捷公司发布1 TB的垂直磁记录硬盘
2007年	WD公司通过应用垂直磁记录技术和隧道磁电阻磁头技术，使磁记录的面记录密度突破了80.6 Gbits/cm^2
2008年	日立公司将硬盘的面记录密度提高到了94.5 Gbits/cm^2
2011年	美国希捷公司推出单碟容量为1 TB的垂直磁记录硬盘，面记录密度达到96.8 Gbits/cm^2
2012年	美国希捷公司利用热辅助技术使硬盘面记录密度提高到393.7 Gbits/cm^2
2015年	日本昭和电工发布单碟容量最高可达1.5 TB的硬盘

从表1-1中可以看出，磁记录的发展历程主要经历早期研究阶段、纵向磁记录阶段、巨磁电阻磁头的应用阶段到如今的垂直磁记录阶段。图1-1是由国际磁盘驱动器设备及材料协会（International Disk Drive Equipment and Materials Association，IDEMA）给出的未来磁记录硬盘技术发展路线图。在未来几年中，垂直磁记录技术将会达到158.7 Gbits/cm^{2}的密度极限，而热辅助磁记录技术的出现则进一步提升了磁记录的存储密度，在以后磁记录的发展中发挥了不可替代的作用。

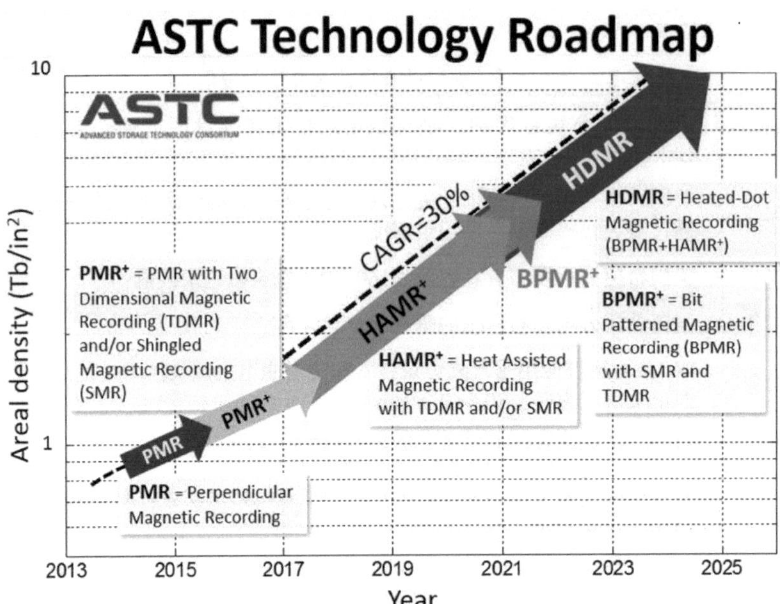

图1-1　磁记录硬盘技术发展路线图

1.1.2 磁记录技术原理简介

磁记录就是将信息转换为随时间变化的电信号，然后再通过电磁感应将电信号转换为随空间变化的磁记录介质的磁化强度过程，其逆过程又称为信息读取过程。在磁记录存储器中，利用磁头感应装置来形成和判别磁层中的磁化状态。对于数字信息记录，数字信号采用“有”或“无”这两种有一定间隔的脉冲信号，即采用“1”或“0”这两种数字信号。信号写入是将数字信号转化成电脉冲信号，通过环行磁头的线圈将其转化成磁头间隙处的磁场脉冲信号。当磁头相对于薄膜表面介质移动时，在需要发生磁化翻转时产生脉冲电压，使记录磁体的磁化方向反转。磁化反转可记为“1”，不反转可记为“0”，信号就被记录在磁记录介质中了。

根据磁化反转方向的不同，磁记录方式主要分为两种，即纵向磁记录和垂直磁记录。其中，纵向磁记录通常采用环形磁头与具有纵向磁各向异性的记录介质相组合的形式，记录介质中的剩磁方向与介质平面平行，如图1-2所示。

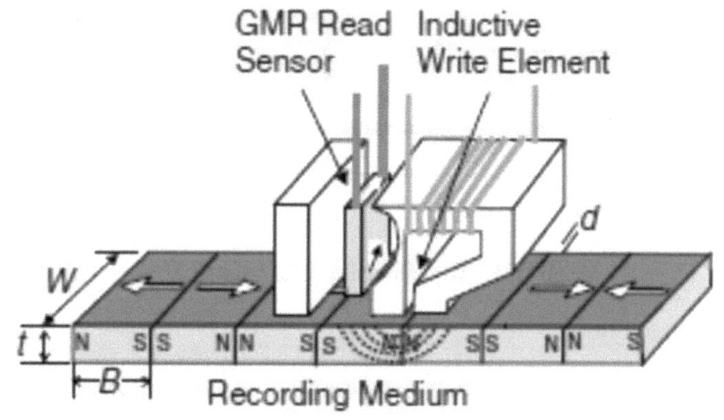

图1-2 纵向磁记录方式示意图

在纵向磁记录方式下，磁场的磁化方向与盘片表面平行，由磁性粒子组成的磁单元也以水平的方式在盘片表面上首尾相接，并沿着盘片旋转方向排列。一旦被磁头写入，磁单元的方向将发生180°翻转，这样它与相邻磁单元的连接方式就变为N极−N极或S极−S极相接，从而在界面处产生排斥力，界面处的磁化状态也会发生相应的改变而产生退磁效应，如图1-3所示。当硬盘的面记录密度进一步提高时，单个记录位的面积进一步减少，记录位中的磁性粒子也随之减少，导致磁化翻转所需的能量越来越少。当小于临界值时，在没有外加磁场的情况下，任何的热扰动都会使它的极性发生自动翻转，造成数据的丢失，这就是所谓的超顺磁效应。为了避免磁性粒子在室温下自动翻转，需使用具有高矫顽力的材料以提高热稳定性，但这样又会给磁头读写数据带来困难。因此，纵向磁记录技术已经不能满足高密度磁记录存储的发展需求了。

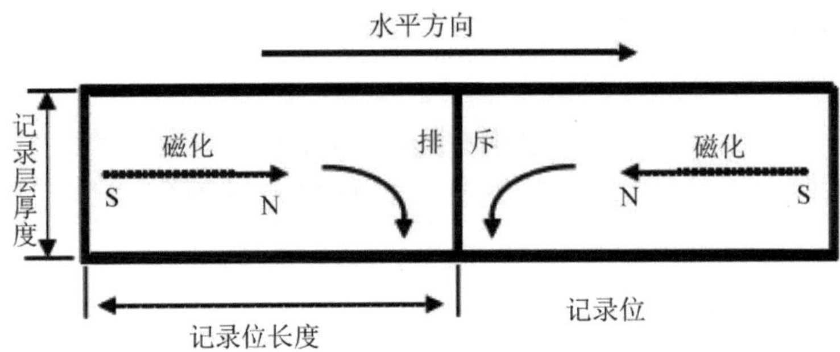

图 1-3　相邻磁化位的过渡区示意图

为了改善超顺磁效应对存储密度的限制，1975年日本东北大学的岩崎俊一教授提出了垂直磁记录的方法。垂直磁记录采用垂直磁头与具有垂直磁各向异性的磁性介质相组合的形式，介质中的磁化方向与介质表面垂直，如图1-4所示。与传统的纵向磁记录技术不同，垂直磁记录的记录单元只有一个磁极暴露在磁盘表面上，磁头采用单极写入元件，在磁记录层的下面加入软磁底层，磁场通过磁记录层与下面的软磁层形成完整的回路。在这样的磁记录方式下，退磁场随着记录波长的缩短而逐渐减弱，有助于提高磁化过渡区相邻记录位的磁化强度，实现高的信噪比。

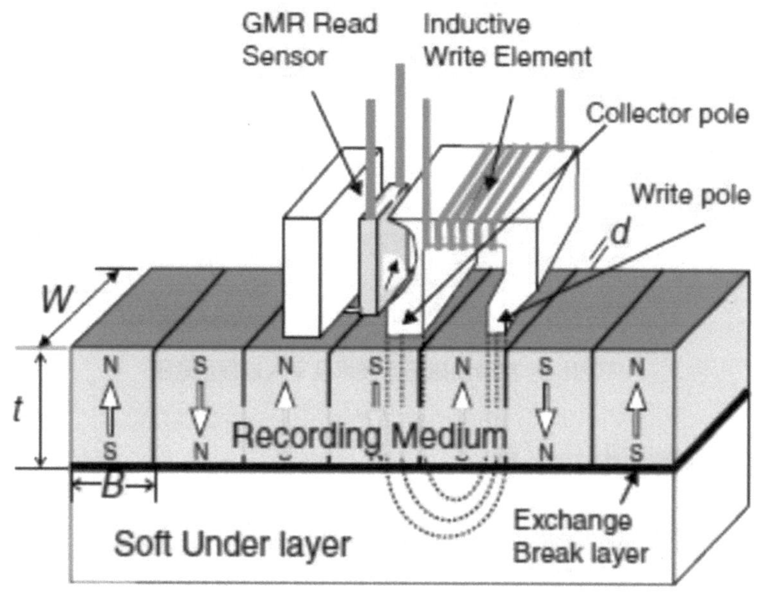

图1-4　垂直磁记录方式示意图

随着记录密度的进一步提高、晶粒尺寸的进一步降低，垂直磁记录技术也会遇到热稳定性-信噪比-可写入性的“三角困境”，限制了记录密度的进一步提高。为了突破“三角困境”带来的限制，研究人员提出了热辅助磁记录技术。热辅助磁记录是利用近场激光作为辅助写入介质，当写入信息时，利用激光将介质瞬间加热到居里温度附近，使其矫顽力下降，从而利用较小的写入场就可以写入信息。完成写入后，随着记录介质的冷却恢复到原有的高矫顽力状态，从而保证记录介质的稳定性，该技术示意图及写入过程如图1-5所示。热辅助磁记录技术成功地解决了介质的写入性困难，使采用具有更高K_u值、更小晶粒尺寸的材料作为磁记录介质成为可能。

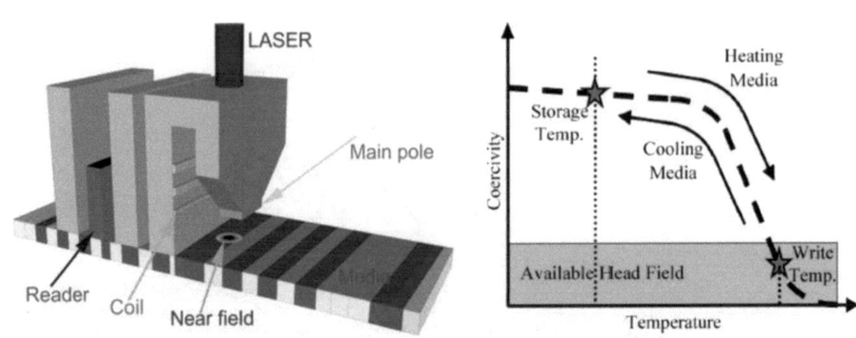

图1-5　热辅助磁记录技术及写入过程示意图

1.1.3 超高密度磁记录材料

超高密度磁记录介质材料应该具备以下特点：为了提高记录密度，介质材料具有小的晶粒尺寸、高的磁晶各向异性常数以及小的超顺磁临界尺寸；具有适中的矫顽力和饱和磁化强度，以便于磁头的写入；具有高的剩余磁化强度以及较小的晶粒间磁耦合作用，从而提高信噪比。表1-2列出了已经被使用以及未来有可能被应用于磁记录介质中的高磁晶各向异性材料。其中，K_u为磁晶各向异性常数，M_s为饱和磁化强度，H_k为矫顽力，T_c为居里温度，D_p为最小晶粒尺寸。

表1-2　高磁晶各向异性材料

合金体系	材料	K_u /（10^7erg/cm^3）	M_s /（emu/cm^3）	H_k /kOe	T_c /K	D_p /nm
Co基合金	CoPtCr	0.20	298	13.7	—	10.4
	Co	0.45	1 400	6.4	1 404	8.0
	Co_3Pt	2.0	1 100	36	—	4.8
$L1_0$相	FePd	1.8	1 100	33	760	5.0
	FePt	6.6～10	1 140	116	750	3.3～2.8
	CoPt	4.9	800	123	840	3.6
	MnAl	1.7	560	69	650	5.1

（续表）

合金体系	材料	K_u /（10^7erg/cm^3）	M_s /（emu/cm^3）	H_k /kOe	T_c /K	D_p /nm
稀土过渡金属	$Fe_{14}Nd_2B$	4.6	1 270	73	585	3.7
	$SmCo_5$	11～20	910	240～400	1 000	2.7～2.2

从表1-2中可以看出，传统磁记录介质材料CoPtCr的磁晶各向异性K_u值为2.0×10^6 erg/cm^3，临界晶粒尺寸D_p为10.4 nm。相比于其他高磁晶各向异性材料，其具有较小的K_u值及较大的D_p。采用它作为存储介质的硬盘，面记录密度受到了很大的限制。一般认为，其面记录密度的极限为158.7 Gbits/cm^2，已经不能满足人们的需要了。研究表明，要获得高于400 Gbits/cm^{2}的面记录密度，记录单元的尺寸要小于4 nm，在如此小的尺寸下还要克服超顺磁效应，只有具备$L1_0$有序相的FePt、CoPt合金以及稀土-过渡金属合金才能达到要求。虽然稀土-过渡金属具有较高的磁晶各向异性，但是其制备过程比较困难，不能通过磁控溅射的方法得到，不利于工业生产，而且容易腐蚀，不利于存放。而具有$L1_0$有序相的FePt合金由于具有较高的磁晶各向异性、小的临界晶粒尺寸、良好的耐腐蚀性以及相对容易的制备工艺，成为下一代超高密度磁记录的首选介质材料。

1.2 $L1_0$-FePt 薄膜

1.2.1 $L1_0$-FePt 的结构与性质

$L1_0$-FePt合金的K_u值比传统硬盘上使用的磁记录介质CoCr基合金的K_u值高20~40倍，具有适中可调的H_c和较高的M_s，且耐腐蚀性和耐氧化性都较好，在同样的热稳定性要求下，介质的晶粒尺寸可以缩小30%，从而使磁记录密度增加10倍以上，更适合作为新一代的超高密度磁记录介质材料。其特点如下：

（1）具有较高的K_u值，可以在记录颗粒尺寸为3 nm时，仍保持非常好的热稳定性，有利于实现超高密度磁记录。

（2）磁畴壁狭窄，晶界的小缺陷都能对畴壁起到钉扎作用，将磁畴限制在小尺寸内。畴壁厚度δ和K_u的平方根成反比：

$$\delta = \pi(A / K_u)^{1/2} \tag{1-1}$$

其中，A为交换作用常数，K_u为磁晶各向异性常数。

（3）具有较大的饱和磁化强度（960 kA/m），可以实现更小的单畴颗粒直径，使磁畴进一步细分，有利于提高读出信号的强度。单畴颗粒临界尺寸D_s如下式：

$$D_s = 9\gamma / (4\pi M_s^2) \tag{1-2}$$

其中，γ为畴壁能密度，M_s为饱和磁化强度。

（4）具有较大的磁能级（BH）max（1 460 kJ/m^3），是一种很好的永磁材料。

（5）具有良好的抗腐蚀性和耐氧化性。

图1-6为Fe-Pt二元合金平衡相图。随着成分和温度的变化，Fe-Pt合金的相结构和磁性能均发生了明显的改变。在Fe-Pt合金中，除了无序的γ（Fe，Pt）相外，还有$L1_2$型有序相Fe_3Pt、$FePt_3$及$L1_0$型有序相FePt。其中，$L1_2$型有序相Fe_3Pt和$FePt_3$均为面心立方结构，呈现软磁性，而$L1_0$型有序相FePt为四方结构，呈现硬磁性。从图1-6中可以看出，当Fe和Pt为等原子比且温度在1 300 ℃以下时，FePt合金为$L1_0$有序相，温度高于1 300 ℃时，FePt合金则变为无序的面心立方结构。

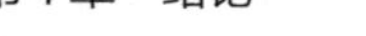

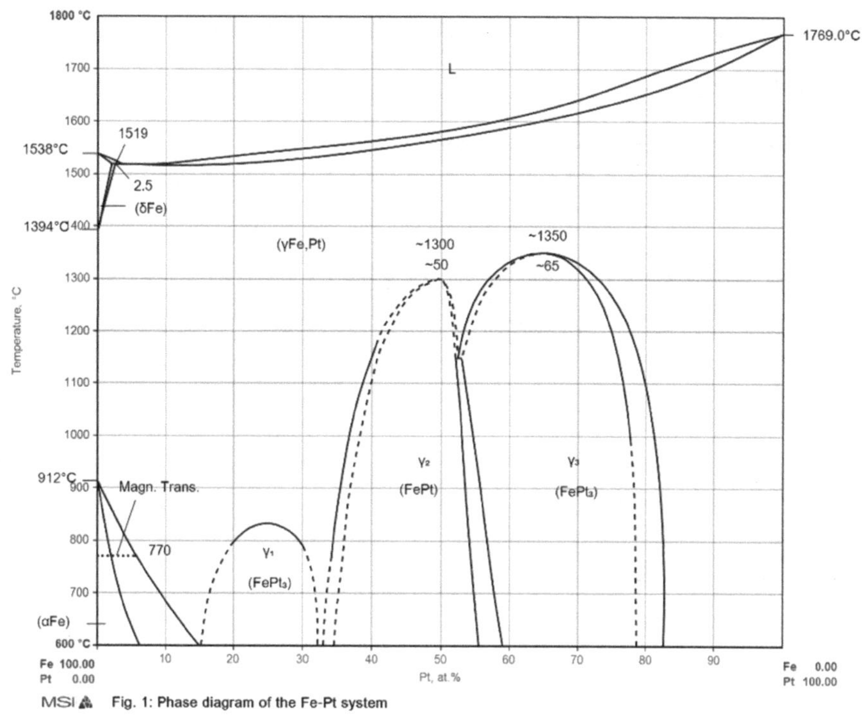

图1-6　Fe-Pt二元合金平衡相图

值得注意的是，与块体材料不同，在室温下溅射的FePt合金薄膜仍然为无序的面心立方结构，如图1-7（a）所示，Fe原子和Pt原子随机占据面心立方晶格中的格点位置。在面心立方结构的FePt薄膜中，*a*轴和*c*轴的晶格常数相等（约为0.382 nm），因此，其磁晶各向异性常数很小，并表现出软磁行为。只有经过一定温度的退火处理后，FePt薄膜才发生了从无序到有序的转变，形成有序的四方结构（$L1_0$相），如图1-7（b）所示。在有序的四方结构中，Fe原子层和Pt原子层沿着*c*轴交替堆叠排列，同时晶格常数发生了变化（a=0.386 nm，c=0.375 nm，*c*轴略小于*a*轴）。正是这种特殊的晶体结构使得$L1_0$-FePt薄膜具有极高的磁晶各向异性。这是因为在$L1_0$晶体结构中，

Fe原子与Pt原子的间距很近，可以直接交换耦合产生偶极矩，Fe与Pt外层电子的自旋-轨道耦合相互作用，以及Fe的3*d*电子和Pt的5*d*电子的轨道杂化，使$L1_0$-FePt合金具有极高的磁晶各向异性。

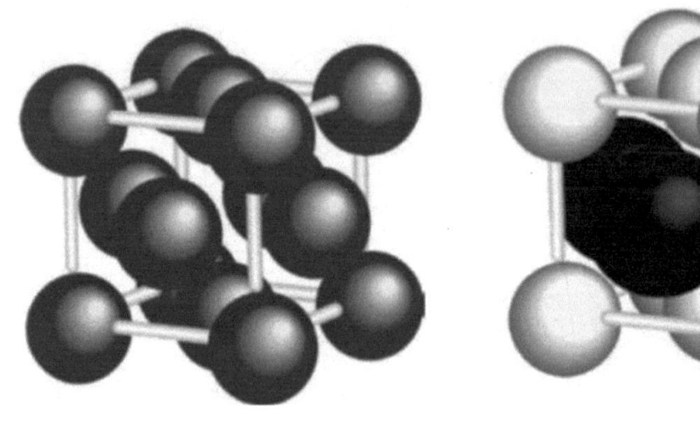

（a）面心立方结构

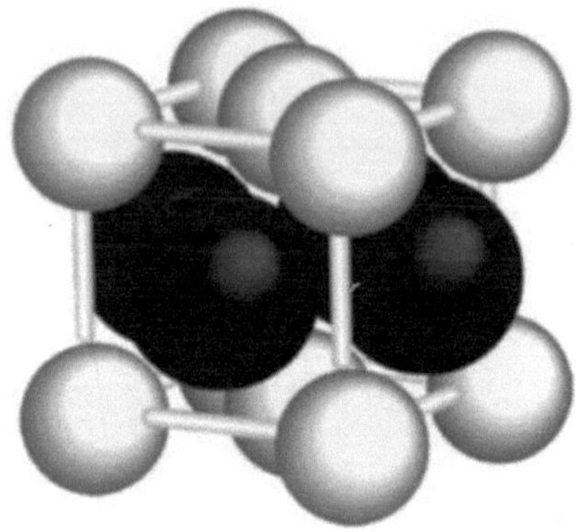

（b）四方结构

图1-7　FePt合金晶体结构示意图

1.2.2 $L1_0$-FePt 薄膜的研究进展

由于$L1_0$-FePt合金薄膜在超高密度磁记录领域具有良好的应用前景，受到了人们的广泛关注，成为近几年的研究热点。为了满足磁记录发展的需求，国内外科研工作者围绕着$L1_0$-FePt合金薄膜开展了大量的研究工作，发现$L1_0$-FePt合金薄膜仍然存在以下问题：

（1）虽然在低温下$L1_0$结构为稳定相，但是利用磁控溅射方法在室温下制备的FePt薄膜为无序的面心立方结构。这是因为在室温条件下，无法为Fe、Pt原子提供足够的扩散激活能，导致其在短时间内难以完成相变，因此，只有经过后期的退火处理或者加热溅射才能形成$L1_0$相。但是对于FePt薄膜来说，一般需要加热到550 ℃以上才能形成$L1_0$相，不利于工业生产。

同时，热处理会导致薄膜内晶粒的快速长大，使薄膜表面粗糙度增加，从而降低存储密度。

（2）垂直磁记录材料易磁化轴必须垂直于膜面，才能实现垂直磁记录。$L1_0$-FePt薄膜的易磁化方向为[001]方向，但是在一般情况下，沉积在玻璃或者硅基底上的FePt薄膜具有{111}纤维织构，即易磁化轴与膜面成35.26°。因此，只有制备出垂直于膜面的{001}纤维织构的$L1_0$-FePt薄膜，才能应用于垂直磁记录硬盘中。

（3）超高密度磁记录技术要求FePt薄膜内的晶粒尺寸尽可能小，但是晶粒尺寸变小的同时，也会增强晶粒之间的磁交换耦合作用，降低记录介质的信噪比，因此，需要将FePt薄膜内的晶粒有效分开，以此来降低晶粒之间的磁交换耦合作用。为了提高面记录密度以及信噪比，需要降低磁记录材料的晶粒大小并减弱晶粒间的磁交换耦合作用。Victora提出，在垂直磁记录面密度达到1 $Tbits/in^2$时，磁记录介质晶粒的平均尺寸约为5 nm。但是大量研究结果表明，FePt薄膜通常需要经过550 ℃以上的退火热处理才能形成$L1_0$相。而在退火过程中，FePt晶粒会合并长大，因此为了控制晶粒尺寸、晶粒大小分布以及晶粒间的磁交换耦合作用，将非磁性掺杂物质富集于颗粒之间，将颗粒有效地分隔开来，降低颗粒之间的相互作用非常重要。掺杂物质主要包括非磁性金属Ag、Au、Cr、Nb、Zr等，也可以是非纯金属C、Al_2O_3、TiO_2等。一般情况下，掺杂元素可以与FePt共溅射，或者制备成FePt/X（掺杂元素）多层膜结构。随着掺杂元素含量或者膜厚度的增加，FePt晶粒尺寸逐渐减小，晶粒间的磁交换耦合作用逐渐减弱；而掺杂元素的添加会抑制FePt晶粒的有序化过程，造成矫顽力与饱和磁感强度的下降，还需进一步的退火处理来提高薄膜的磁性能。因此，合理地控制掺杂元素含量是提高薄膜磁性能的关键。

基于以上问题，目前对于$L1_0$-FePt薄膜的研究主要集中在以下三个方面：一是控制晶粒尺寸，减弱磁性晶粒之间的磁交换耦合作用；二是降低薄膜的有序化转变温度；三是增强薄膜的{001}纤维织构。

1.2.3 $L1_0$-FePt 薄膜的有序化转变

降低FePt薄膜的有序化转变温度，有利于减小晶粒尺寸、控制薄膜的表面粗糙度、提高垂直磁记录硬盘的记录密度，同时也能够为工业生产带来极大的便利。目前，降低FePt薄膜有序化转变温度的方法主要分为以下三种。

1.多层膜结构

Farrow、Casoli等在MgO基底上制备出了Fe/Pt多层膜，使FePt薄膜的有序化转变温度降低到了300 °C。Shimada等在SiO_2基底上沉积$[Pt/Fe\text{-}Ag]_3$多层膜，经过400 °C退火后，即可获得有序的$L1_0$-FePt薄膜。Wu等对Fe/Pt多层膜进行了大量的研究，发现SiO_2的表面能低于FePt薄膜，在退火过程中，SiO_2会扩散到FePt晶粒内部以及晶界上，从而促进FePt薄膜的有序化。Endo等在玻璃基片上制备了Fe/Pt多层膜，经过热处理后，发现FePt薄膜的相变温度与Fe层和Pt层的厚度有关。研究表明，当Fe层和Pt层的厚度相同时，经过300 °C的热处理，即可完成无序向有序的转变。

在Fe/Pt多层薄膜结构中，界面数量增多会导致界面处的缺陷增加，有利于Fe原子和Pt原子的运动，因此能够降低FePt薄膜的有序化转变温度。此外，当Fe层和Pt层的厚度接近原子尺寸时，Fe/Pt多层薄膜结构就与具有{001}纤维织构的$L1_0$-FePt薄膜晶格中原子的排列方式相近，而且较小的层间厚度可以降低Fe原子和Pt原子的扩散距离，使FePt薄膜的有序化转变变得更加容易。

2.第三元素掺杂

已有实验结果表明，掺杂第三元素会在FePt薄膜中引起晶格畸变，形成结构缺陷，能够有效地降低原子的扩散激活能，提高原子扩散效率，加快薄膜的有序化转变，从而降低FePt薄膜的有序化转变温度。目前研究中已采用的掺杂元素主要有Ag、Au、Cu、Ir、Cr、Sn、Sb、Pb、Bi、Mn、Zr等。不同的掺杂元素对FePt薄膜的作用机理不同：有些掺杂元素会与FePt薄膜形成合金以降低有序化转变温度，如Ag、Au、Cu等；还有一些掺杂元素由于具有表面能低、易扩散等特性，加入FePt薄膜后会造成晶格畸变，并引入位错来降低有序化转变温度，如Ir、Cr、Zr、Sb等。Platt、Takahashi和Maeda研究了在FePt薄膜中掺杂Cu元素的作用机理。如图1-8所示，掺杂的Cu原子与FePt形成了FePtCu相，降低了FePt薄膜内的体系自由能，增加了体扩散系数，从而促进了Fe、Pt原子的有序化运动，降低了FePt薄膜的有序化转变温度。但是从图1-9中可以看出，加入Cu原子的FePt薄膜，其晶粒尺寸和表面粗糙度也有所增加。

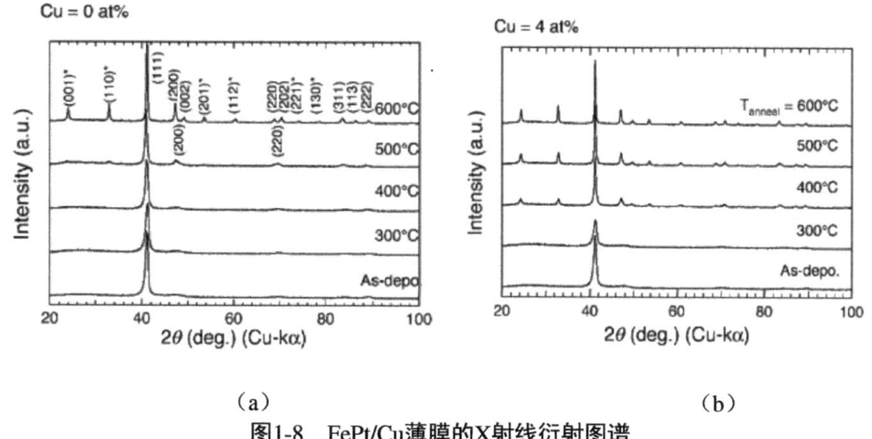

(a) (b)

图1-8 FePt/Cu薄膜的X射线衍射图谱

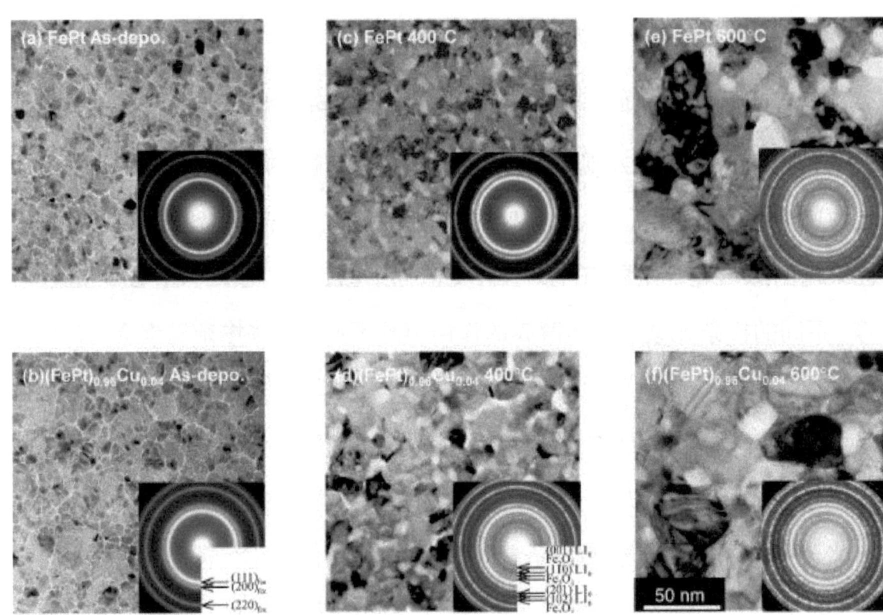

图1-9　FePt/Cu薄膜的TEM选区衍射图

此外，Lee等在FePt薄膜中掺杂了Zr元素，在薄膜内部形成了点缺陷，从而促进了薄膜的有序化转变。但是随着退火时间的延长，Zr与Pt会形成Pt-Zr化合物，导致薄膜的磁性能有所降低。Yan等在FePt薄膜中添加了少量Sb元素，经过275 °C退火后，获得了晶粒尺寸小且分布均匀的$L1_0$-FePt薄膜。

由此可见，掺杂第三元素不仅会改变FePt薄膜的有序化转变温度，对薄膜内的微观结构也会产生一定的影响，因此选择合适的掺杂元素对降低FePt薄膜的有序化转变温度以及控制薄膜内晶粒尺寸有着至关重要的作用。

3.加入中间层

在合适的底层或者基底上沉积FePt薄膜也是降低有序化转变温度的重

要手段。由于CuAu、PtMn与FePt的晶格常数相近，并且有序化转变温度比FePt低，其被用来作为底层时，CuAu、PtMn的有序化相变会对FePt层造成动态拉应力，从而实现FePt的低温有序化转变。此外，Yang等还利用Al作为底层制备了$L1_0$-FePt薄膜。由于Al的晶格常数比FePt稍大，会与FePt层之间产生晶格错配，从而促进FePt晶胞的收缩以及有序化转变。Xu等在Ag和Cu底层上沉积了FePt薄膜。研究发现，由于Ag的晶格常数小于FePt，因此在Ag层上沉积的FePt，其晶格更容易沿着a轴方向拉伸，同时，c轴减小，有利于形成$L1_0$相；相反，Cu的晶格常数大于FePt，不利于$L1_0$相的形成。Chen、Xu等利用Cr基材料作为底层与FePt晶格产生错配应力，促进了FePt薄膜的有序化转变，使有序化转变温度降低到了250~300 °C。同时研究表明，当错配度为6%时，最有利于促进FePt薄膜的有序化转变。此外，Chen等采用CrRu作为种子层，开展了大量的研究工作，在CrRu种子层上加热溅射FePt-C、FePt-MgO和FePt-Ta_2O_5等复合薄膜，不仅将FePt的有序化转变温度降低到了350 °C，同时，利用掺杂元素也很好地控制了晶粒尺寸和磁性晶粒之间的相互作用，提高了$L1_0$-FePt薄膜的磁性能。图1-10是FePt在不同种子层上的磁滞回线。从图中可以看出，加入Cr基种子层的$L1_0$-FePt薄膜都具有良好的垂直磁各向异性，适合作为垂直磁记录介质材料。

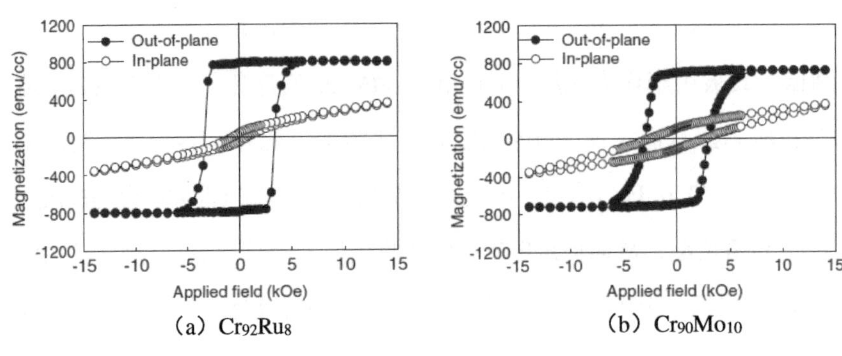

（a）$Cr_{92}Ru_8$　　（b）$Cr_{90}Mo_{10}$

图1-10　FePt在不同种子层上的磁滞回线

Feng等研究了加入Bi底层对FePt薄膜有序化转变的影响。研究发现，Bi的熔点和表面能较低，在退火过程中，底层的Bi原子容易向FePt层扩散，导致FePt层内晶格缺陷的产生，更有利于Fe原子和Pt原子的扩散，从而降低了FePt薄膜的有序化转变温度。Wen等使用亚稳态的AgPt作为插层，制备了AgPt/Fe多层膜。如图1-11所示，由于Ag的扩散系数大于Fe，因此，其有利于Fe原子向AgPt层内扩散，从而形成有序的$L1_0$相。

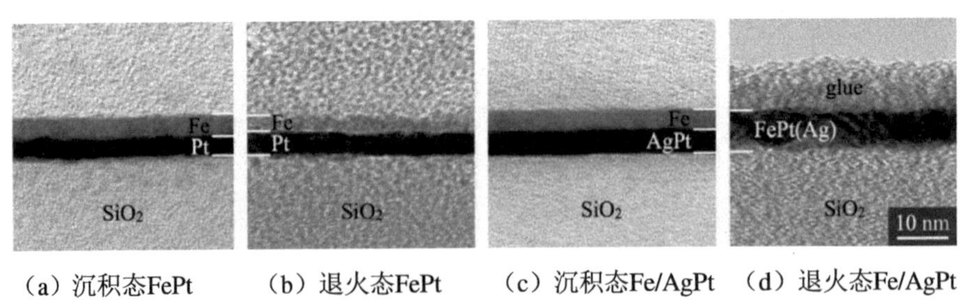

（a）沉积态FePt　（b）退火态FePt　（c）沉积态Fe/AgPt　（d）退火态Fe/AgPt

图1-11　薄膜截面透射电镜照片

根据插入层在降低有序化转变温度过程中的作用，可以将其分为以下两类：一类是利用插入层和FePt的晶格错配产生的错配应变，促进FePt晶胞的收缩和有序化进程，从而降低有序化转变温度；另一类是利用插入层中的原子扩散作用，增加薄膜内的缺陷密度，从而提高Fe、Pt原子的扩散能力，降低有序化转变温度。

4.退火热处理

在薄膜沉积的过程中，加热溅射可以增强沉积原子的表面扩散能力，因此，在沉积FePt薄膜的过程中，通过加热衬底，能够促使沉积在表面的Fe原子和Pt原子发生快速扩散，直接在表面形成$L1_0$有序相，即可得到$L1_0$-FePt薄膜。此外，在薄膜退火的过程中，施加磁场可以有效降低有序化转变温度，减小晶粒尺寸，同时，该方法能够增加磁畴壁钉扎位的密度，改善$L1_0$-FePt薄膜的磁性能。

1.2.4 $L1_0$-FePt 薄膜中的纤维织构

垂直磁记录材料要求$L1_0$-FePt薄膜具有高的垂直磁各向异性，即易磁化轴[001]轴必须垂直于薄膜表面，也就是说，$L1_0$-FePt必须具有强的{001}纤维织构，才能达到垂直磁记录的性能要求。一般情况下，$L1_0$-FePt薄膜具有{111}纤维织构，而要想得到具有{001}纤维织构的$L1_0$-FePt薄膜，主要通过以下两种方法：一是通过利用特殊的单晶基底或者缓冲层来诱导$L1_0$-FePt薄膜沿着{001}面外延生长，从而获得具有{001}纤维织构的$L1_0$-FePt薄膜；二是通过改进制备工艺与退火工艺，在非晶基底上以非外延生长的方式得到具有{001}纤维织构的$L1_0$-FePt薄膜。

单晶MgO的{001}面与$L1_0$-FePt薄膜的{001}面之间只存在9.3%的晶格错配度，因此在合适的沉积条件下，经过热处理可以得到具有良好{001}纤维织构的$L1_0$-FePt薄膜。Konagai等在MgO {001}基底上，利用分子束外延的方法制备了FePt多层膜，得到较强的{001}纤维织构，经过350 °C热处理后，垂直薄膜表面的矫顽力达到12.5 kOe。一般地，在MgO基底上，沉积适当厚度的缓冲层可以减小MgO基底与L1$_0$-FePt薄膜之间的错配度。Chen等在MgO衬底上预先沉积一层CrRu种子层，大幅度增强了L1$_0$-FePt薄膜中的{001}纤维织构，这是因为CrRu的{002}面与L1$_0$-FePt的{001}面的错配度小，可以使L1$_0$-FePt薄膜沿着{001}面外延生长。图1-12为在CrRu种子层上生长L1$_0$-FePt的取向关系示意图。MgO单晶基底的制备成本很高，很难大规模应用于工业生产。从实用性的角度来讲，采用玻璃或者热氧化硅基底制备具有{001}纤维织构的L1$_0$-FePt薄膜是更佳的选择，因此可以在玻璃或者SiO_2基底上预先生长一层具有择优取向的种子层，然后再外延生长L1$_0$-FePt薄膜。Shen等利用具有{001}纤维织构的RuAl作为底层，通过磁控溅射的方法，在400 °C的SiO_2基底上得到了平均晶粒尺寸约为6 nm且具有{001}纤维织构的L1$_0$-FePt薄膜。

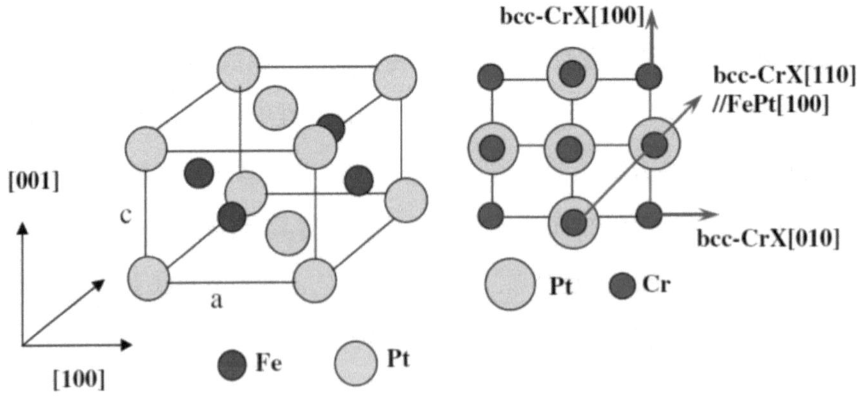

图 1-12　在CrRu种子层上生长L1$_0$-FePt的取向关系示意图

如果能在常用的非晶基底上得到具有{001}纤维织构的$L1_0$-FePt薄膜，将会具有更高的实用价值。Sellmyer的课题小组在非外延生长控制$L1_0$-FePt薄膜{001}纤维织构方面做了大量的研究工作，取得了许多有价值的结果。对于非外延生长的$L1_0$-FePt薄膜来说，在热氧化硅和玻璃基底上沉积$(Fe/Pt)_n$多层膜，并进行快速退火处理，通过控制多层膜的成分、退火时间和温度，得到了具有{001}纤维织构的$L1_0$-FePt薄膜。同时，还系统地研究了掺杂元素对$L1_0$-FePt薄膜的织构、微观结构及磁性能的影响，并且得到了具有良好{001}纤维织构和磁性能的$L1_0$-FePt薄膜。

虽然利用非外延生长方式制备强{001}纤维织构的$L1_0$-FePt薄膜具有十分重要的意义，但是目前对于其织构形成机理的研究还不够充分。Kim等认为，在非晶基底上通过非外延生长得到的$L1_0$-FePt薄膜，其{001}纤维织构的形成与薄膜的面内应变状态有着密切的关系，在相变应变和面内双轴应变的共同作用下，促进了$L1_0$-FePt薄膜中{001}纤维织构的形成。Ichitsubo等对FePt/B_2O_2多层膜内的{001}纤维织构进行了研究，认为面内拉伸应变是$L1_0$-FePt薄膜形成{001}纤维织构的主要驱动力。Numata、Dong等认为$L1_0$-FePt薄膜与底层或者单晶基底之间存在一定的错配度，不同的错配度造成了薄膜内应变状态的不同，从而导致了不同类型纤维织构的形成。Rasmussen等研究了在退火过程中，由于$L1_0$-FePt薄膜和基底之间热膨胀系数的不同而产生的热应变，会促进有序化转变及{001}纤维织构的形成。可见，FePt薄膜中的应变状态对其有序化过程和控制{001}纤维织构都具有十分重要的影响。近年来，大量研究表明，快速退火热处理能够产生应变，从而诱导$L1_0$-FePt薄膜的易磁化轴[001]轴垂直于薄膜表面，是促进{001}纤维织构形成的有效方法。Hsiao等研究了沉积在玻璃基底上的单层FePt薄膜，经过800 ℃快速退火热处理并保温不同时间后的纤维织构与微观结构变化。研究表明，L1$_0$-FePt薄膜的致密化过程会增加其内部的拉应力，从而促进{001}纤维织构的形成，但是当L1$_0$-FePt薄膜的表面形貌由连续结构变为网格结构时，薄膜内的拉应力得到了释放，使得{001}纤维织构有所减弱，如图1-13所示。

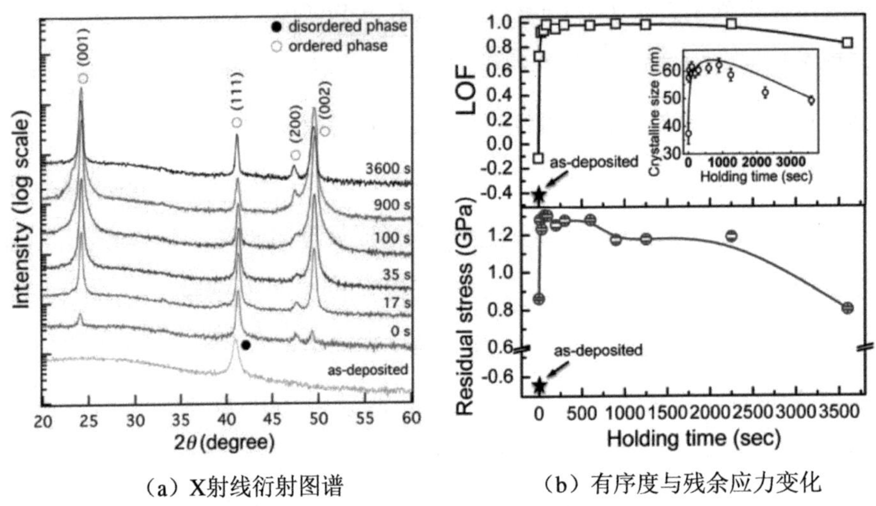

（a）X射线衍射图谱　　（b）有序度与残余应力变化

图1-13　不同退火时间的L1$_0$-FePt薄膜

Liu等采用不同的升温速率对FePt薄膜进行退火处理，当升温速率从10 K/s升高至40 K/s时，L1$_0$-FePt薄膜的{001}纤维织构增强；当升温速率上升到80 K/s时，应力弛豫会导致{001}纤维织构减弱。同时，研究发现薄膜的表面粗糙度与面内拉伸应变有关，面内拉伸应变越大，薄膜表面越光滑，粗糙度越小。Mei等研究了在玻璃基底上沉积L1$_0$-FePt薄膜的{001}纤维织构演化规律，发现当L1$_0$-FePt薄膜厚度小于30 nm时，具有{001}纤维织构，而当薄膜厚度大于30 nm时，为随机织构。同时，研究发现{001}纤维织构与晶粒的异常长大有关，晶粒的异常长大会引起较大的拉伸应变，为{001}纤维织构的形成提供驱动力。

1.3 磁控溅射镀膜技术概况

1.3.1 磁控溅射工作原理

溅射沉积时，在基底和靶材之间加上高电压，并充上0.1~10 Pa的惰性气体（一般为氩气），在溅射室内会产生辉光放电，使得氩气电离形成氩离子，并经电场加速后轰击靶材表面，部分能量转移到靶材表面的原子，此靶原子又可能与其他靶原子碰撞，形成级联过程。这个过程中，某些近表面原子的能量超过其结合能时，将摆脱附近原子作用力的束缚，被溅射出来。因此，与传统的真空蒸镀相比，溅射镀膜具有许多优点。例如：膜层和基底的附着力强；可以方便地制备高熔点物质的薄膜；在大面积连续基板上可以制备均匀的膜层；容易控制膜的成分，可以制备各种不同成分和配比的合金膜；可以进行反应溅射，制备多种化合物膜，可方便地镀制多层膜；便于工业化生产，易于实现连续化、自动化操作；等等。

一般的溅射系统，主要的缺点是沉积速率较低，特别是阴极溅射，因为它在放电过程中只有大约0.3%～0.5%的气体分子被电离。为了在低气压下进行高速溅射，必须有效提高气体的离化率。由于在磁控溅射中引入了正交电磁场，离化率得到显著提高。加上一平行于阴极表面的磁场后，二次电子在磁场的控制下，运动路径不仅很长，而且被束缚在靠近靶表面的等离子体区域内，在该区域中电离出大量的Ar^+用来轰击靶材，从而具有磁控溅射沉积速率高的特点。同时，受正交电磁场束缚的电子，又只能在其能量耗尽时才沉积在基片上，这就使得磁控溅射具备“低温”“高速”两大特点。磁控溅射的工作原理如图1-14所示。

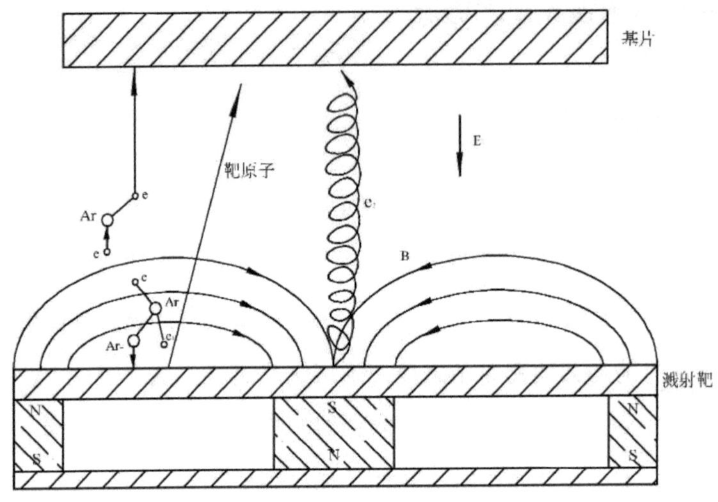

图1-14　磁控溅射工作原理

1.3.2 磁控溅射薄膜的生长过程

薄膜的生长过程直接影响到薄膜的结构以及它最终的性能。图1-15表示薄膜沉积中原子的运动状态及薄膜的生长过程。射向基板及薄膜表面的原子、分子，在自身所带能量及基板温度所对应的能量作用下，发生表面扩散及表面迁移，一部分再蒸发，脱离表面，一部分落入势能谷底，被表面吸附，即发生凝结。凝结伴随着晶核的形成与生长，岛形成、合并于生长过程，最后形成连续的膜层。

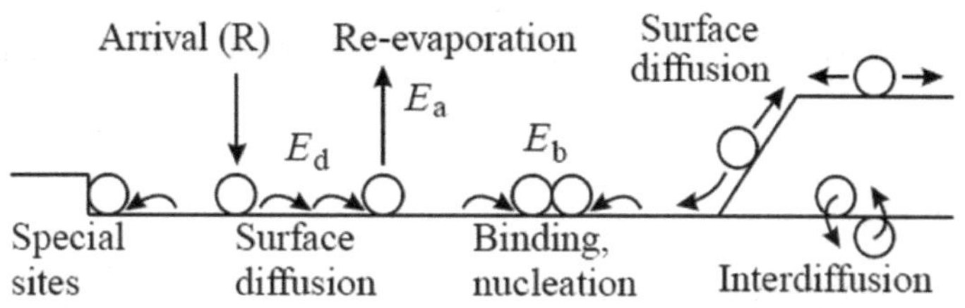

图1-15 薄膜沉积中原子的运动状态及薄膜的形成过程示意图

考虑到已知的表面形貌，薄膜的三维生长过程可以分为如图1-16所示的三种模式。

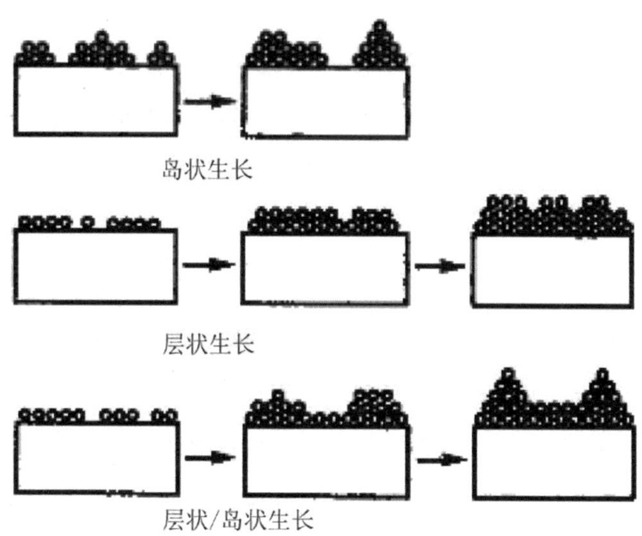

图1-16 薄膜生长过程分类示意图

（1）岛状生长模式

被沉积物质的原子或分子更倾向于相互键合起来而避免与衬底原子键合，即被沉积物质与衬底之间的浸润性较差。金属在非金属衬底上生长大都是这种模式。对很多薄膜与衬底的组合来说，只要沉积温度足够高，沉积的原子具有一定的扩散能力，薄膜的生长就表现为岛状生长模式。

（2）层状生长模式

当被沉积物质与衬底之间浸润性很好时，被沉积物质的原子更倾向于与衬底原子键合。因此，薄膜从形核阶段开始即采取二维扩展模式，沿衬底表面铺开。在随后的过程中，薄膜生长将一直保持这种层状生长模式。

（3）混合生长模式

在最开始一两个原子层厚度时是层状生长，之后转化为岛状生长，即先是层状生长模式而后转化为岛状生长模式。

薄膜沉积过程中，入射的气相原子首先会被衬底或被已沉积部分薄膜结构吸附。若这些原子具有足够的能量，它们将在衬底或薄膜表面进行一定的扩散，直到到达表面某些低能位置并沉积下来。倘若衬底温度足够高，原子还可能在薄膜内部经历一定的扩散过程。气相原子的沉积和扩散过程均受相应激活能的控制，可见薄膜的形成与沉积时的衬底温度、沉积物质熔点比值（衬底相对温度）和气相原子本身能量有关。例如，在温度较低并且气压较高的情况下，入射气相原子的能量很低，故原子一旦沉积便容易失去扩散能力，同时形核所需临界核心尺寸很小，因而在薄膜的表面上会不断形成新的核心，此时组织为细纤维状；考虑另一种情况，若衬底温度很高，使得原子扩散并开始发挥重要作用，那么在沉积的同时，薄膜内部将发生再结晶，晶粒开始长大，这时的薄膜组织变为经过充分再结晶的等轴晶组织。

显然在上述各种机制中，开始的时候层状生长的自由能较低，但其后，岛状生长在能量方面变得更加有利。

薄膜在生长形成过程中会形成各种缺陷，并对薄膜的外延生长产生影响。如图1-17所示，在基底和薄膜之间存在刃型位错、螺型位错，在薄膜和基底中存在堆垛层错，在外延薄膜中还存在其他缺陷，如小丘等。衬底的刃型位错垂直穿过界面并延伸到薄膜中形成穿过位错。螺型位错穿过薄膜后在薄膜表面露出并在此处形成生长螺线，如果沉积原子在此处聚集并且伴随晶粒长大则形成小丘。此外，含量较多的杂质原子也会在退火过程中析出成为沉淀颗粒。

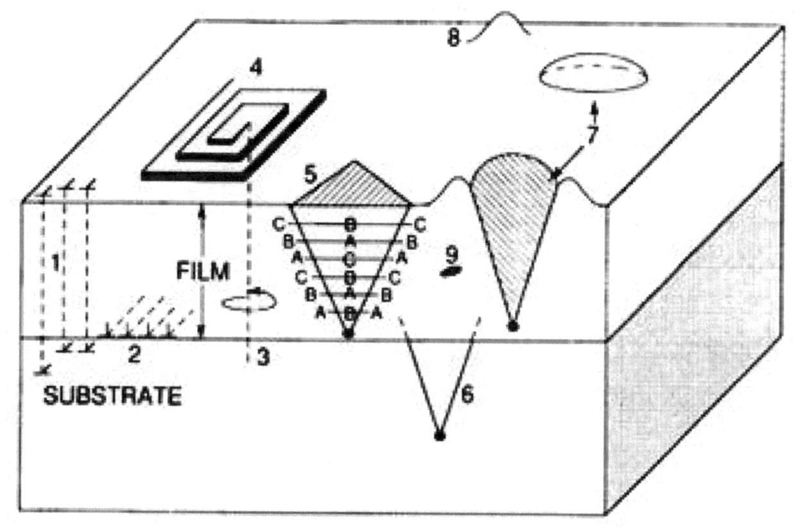

1—刃型位错；2—界面错配位错；3—螺型位错；4—表面生长螺线；
5—薄膜堆垛层错；6—基底堆垛层错；7—卵形缺陷；8—小丘；9—沉淀杂质

图 1-17　外延薄膜生长中的各种缺陷

薄膜中晶粒的晶体取向会在薄膜的形成、生长和沉积后退火等动态变化中发生演变。其中，表面能、界面能以及应变能会对薄膜织构的形成产生影响。许多动力学过程可以影响多晶薄膜中织构的形成和取向分布，包括形核、合并前生长、晶粒粗化、成膜过程中的晶界运动以及在连续膜生长中晶粒的长大。而最终织构的选择则取决于哪种织构的形成机制和驱动力占主导地位。不同的薄膜、基底和沉积条件会形成不同的织构。

织构的演变应综合考虑表面自由能、界面能各向异性以及应变能各向异性的影响。薄膜的择优取向即使表面能、界面能和应变能之和为最小值的取向。

1.3.3 磁控溅射薄膜组织结构控制

磁控溅射镀膜具有很多优点：溅射出来的材料粒子具有较大的动能，因此通过溅射制备的薄膜结构更加致密，与基体的附着力比较强；溅射的靶面积较大，容易制得大面积的均匀薄膜；不受材料熔点的制约，可以制备高熔点材料薄膜；容易控制合金薄膜的成分；等等。通过对磁控溅射金属薄膜结构演化的实验观察，Thorton提出了如图1-18（b）所示的四区域模型，给出了工作气体压强和基底温度与薄膜结构之间的关系。

在区域1中形成锥形的或纤维状的晶粒和有空洞的边界，这里的结构受到阴影效应和沉积时基底表面粗糙度的影响。转变区T以致密的晶界排列和高位错密度膜为特征。柱状晶在区域2中发展，这里的结构演化借助表面扩散过程完成。从表面扩散到体扩散的转变以及再结晶和晶粒长大导致在区域3中形成等轴晶粒结构。

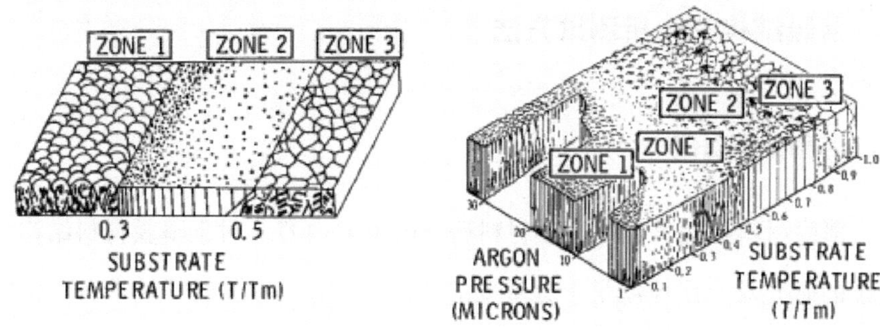

（a）薄膜组织的三种典型断面结构 （b）衬底相对温度T/T_m和溅射气压对薄膜组织的影响

图1-18 磁控溅射薄膜生长示意图

因此，在溅射镀膜中，成膜条件的控制对制备高质量薄膜来说是非常重要的。首先，应选择溅射率高、对靶材呈惰性、价廉、高纯的气体为工作气体，氩气是较为理想的工作气体。其次，应注意溅射电压及基片电位对薄膜性能的影响。溅射电压不仅影响沉积速率，而且还严重影响薄膜的结构。基片电位则直接影响入射的电子流和离子流，如果对基片适当加以偏压，不仅可以净化基片表面，增强薄膜的附着力，而且还可以改变沉积薄膜的结晶结构。再次，基片温度直接影响薄膜的生长及特性。最后，靶材中杂质和表面氧化物等不纯物质是污染薄膜的重要因素，必须注意靶材的高纯度和保持清洁的靶表面。此外，在溅射过程中，还应注意溅射设备中存在的诸如电场、磁场、靶材、基片、温度、几何结构、真空度等参数间的相互影响，因为这些参数均综合地决定着溅射薄膜的结构与特性。

1.4 薄膜结构的分析测试方法

1.4.1 X 射线衍射仪

薄膜材料结构表征是薄膜材料研究的重要内容，对于薄膜材料结构和器件的研究及无损检测是十分重要的。X射线衍射和散射等技术有其特别的优点，对薄膜材料的穿透力强，可以无损检测单层膜和多层膜内部结构、界面状况以及纵向和横向的共格程度。此外，X射线的波长很短，与原子尺寸在同一量级，其分辨率可达原子或亚原子层量级，X射线衍射和散射技术是薄膜材料结构无损检测的重要方法。

自从1895年德国物理学家伦琴发现了X射线后，物理测试方法变得更加多元，由此人们对物质结构的认识也更加深入。X射线既是电磁波又是粒子，同时具有连续辐射和特征辐射的波谱特征。X射线在晶体中的衍射，实际上是大量原子散射波相互干涉的结果。各个晶体的衍射花样都反映了其物质内部原子分布的规律。X射线衍射方向取决于晶胞大小、形状和位向等因素，衍射强度则由原子在晶胞中的位置决定。建立衍射规律和晶体结构之间的内在关系将有利于分析晶体的内部结构。

当X射线入射到晶体上时，晶体内部的每一个原子都充当散射波源而辐射相同频率的电磁波，这些散射波的干涉作用会使空间某些方向上的波始终保持叠加状态，而另外一些方向上则是相互抵消的，那些相互叠加的方向会产生可观测的衍射线。布拉格方程是判断某一方向是否出现衍射现象的依据。在反射方向上，两晶面散射线相互加强的条件是 $2d\sin\theta = n\lambda$。其中：d为晶面间距；θ为入射线（或反射线）与晶面之间的夹角，也就是布拉格角；n为衍射级数；λ为波长。此方程是X射线进行结构和光谱分析的基础，当已知晶面间距d和衍射角2θ就可以计算出X射线的波长，进行元素分析；当已知波长λ和2θ就可以算出晶面间距，从而确定晶体结构。X射线衍射示意图如图1-19所示。

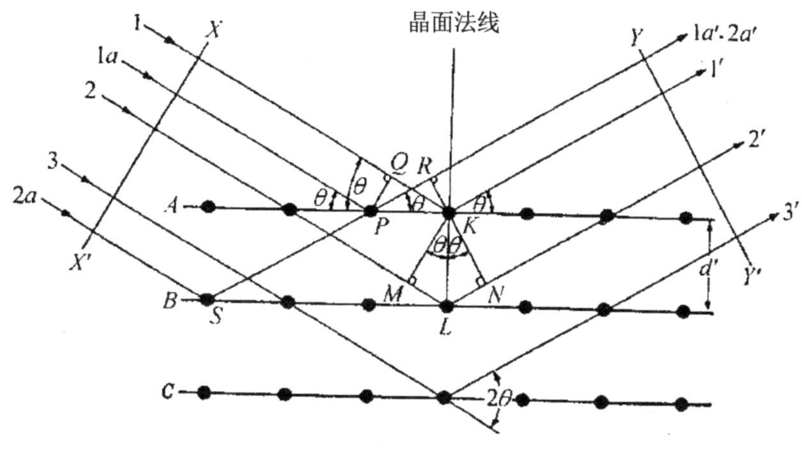

图1-19 X射线衍射示意图

1. X 射线掠入射衍射技术

由于X射线穿透性很强，对于一般的薄膜，受到材料厚度的限制以及多层膜之间衍射峰的影响，当采用传统布拉格衍射时，会造成背底对衍射峰的影响以及衍射峰强度的偏差，从而影响例如定量分析之类的结果。1979年，Mara等第一次提出采用X射线掠入射衍射方法研究薄膜的微结构。之后，X射线掠入射衍射技术在表征材料表面结构所具有的优势引起了人们的重视。掠入射衍射几何如图1-20所示。

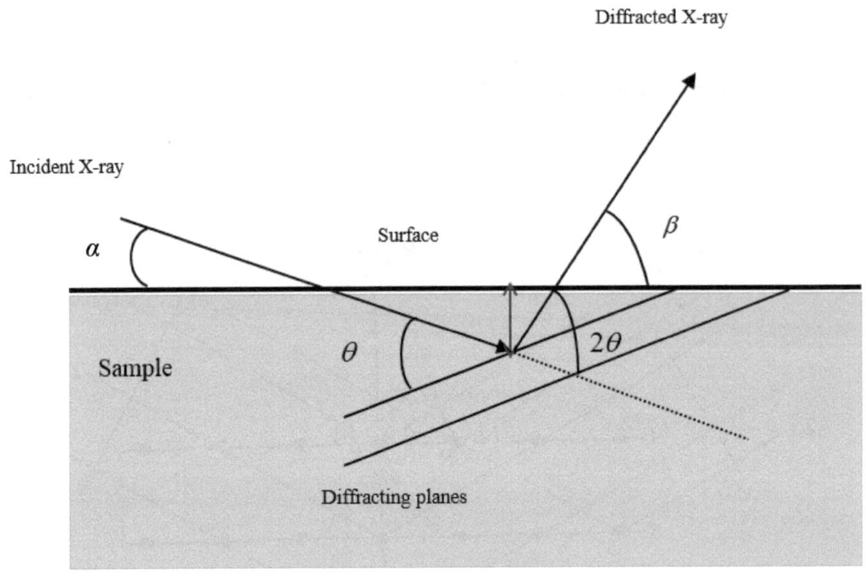

图1-20　掠入射衍射几何

掠入射的原理是使用平行光和小的入射角，同时增加衍射颗粒的数目和X射线在薄膜中的光程。扫描方式是探测器或2θ扫描，光管和样品保持不动。使用长索拉狭缝或者是平行光附件可以保证好的角度分辨率，同时使全部衍射信号都被探测器接收到。索拉狭缝有多种选择，根据强度或分辨率的要求选择合适的狭缝，通常选择强度高、分辨率低的狭缝。

2.薄膜界面结构表征技术

X射线反射（XRR）技术是众多X射线散射技术检测材料结构参数中的一种。XRR技术和其他X射线技术一样，测量时需要监控经过反射后的X射线强度随散射矢量$\boldsymbol{K}$的变化。其中，$\boldsymbol{K}=\boldsymbol{K}_{in}-\boldsymbol{K}_{out}$，$\boldsymbol{K}_{in}$和$\boldsymbol{K}_{out}$分别为入射和反射波矢。薄膜样品的XRR检测，需要保持入射角和反射角相等，并且由于薄膜的厚度都在纳米级别，为了保持X射线反射光具有足够的强度，防止X射线强度被基底材料大部分吸收，探测时要求入射角和反射角较小，X射线散射几何示意图如图1-21所示。通过分析掠入射X射线光束经反射得到的X射线反射强度曲线可以得到薄膜的多种结构参数，例如厚度、密度以及表/界面粗糙度。这些结构参数对于单层膜X射线反射率曲线的影响如图1-22所示。

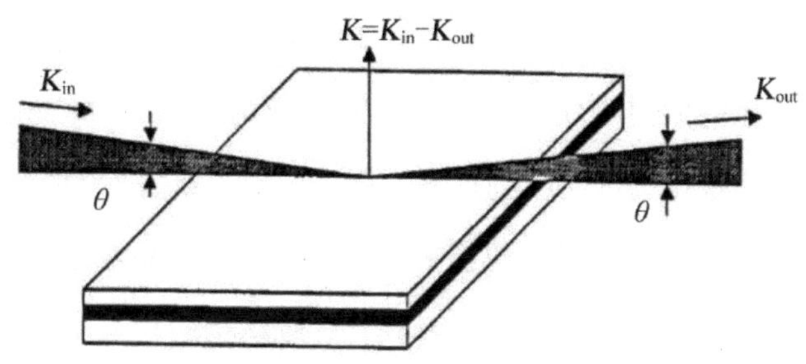

图1-21　X射线散射几何示意图（散射因子K垂直于样品表面）

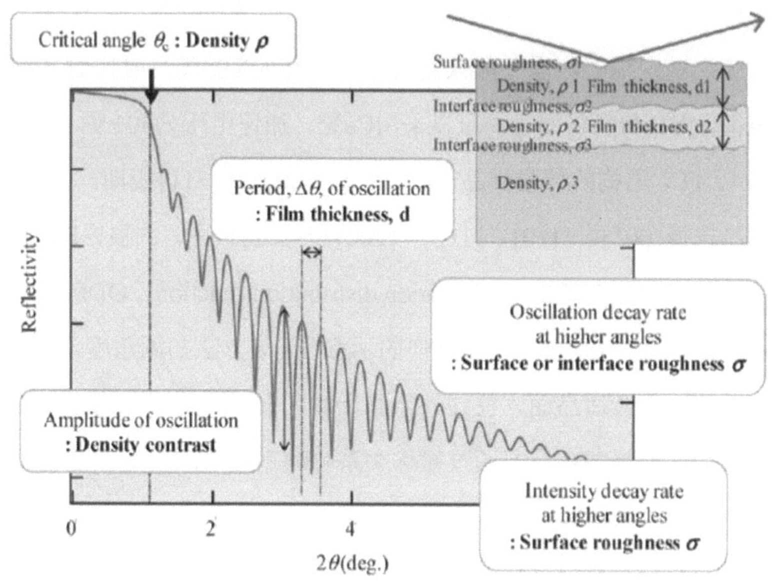

图1-22　X射线反射率提供的信息量示意图

XRR技术具有以下表征功能：（1）研究单晶、多晶、非晶材料的结构特征；（2）无损检测样品的表面粗糙度和界面宽度（源于粗糙度和界面扩散）；（3）在可见光条件下用来研究不透明的薄膜材料；（4）决定单层膜或者多层膜的薄膜结构；（5）用来测量薄膜的厚度（几纳米到1 000 nm）。

3.薄膜宏观织构表征技术

在一般多晶体中，每个晶粒有不同于相邻晶粒的结晶学取向。从整体来看，所有晶粒的取向是任意分布的；在某些情况下，晶体的晶粒在不同程度上围绕某些特殊的取向排列，称为择优取向，或简称为织构。

对于金属薄膜材料来说，薄膜中的晶粒以某一结晶学方向平行于（或接近平行于）线轴方向的择优取向。具有纤维织构的材料围绕线轴有旋转对称性，即晶粒围绕纤维轴的所有取向的概率是相等的，这种织构称为纤维织构。纤维织构是最简单的择优取向，因其只涉及一个线轴方向。薄膜纤维织构的类型主要与材料的组成、晶体结构类型和制备工艺有关。

薄膜宏观织构的测量一般采用带有欧拉环的X射线衍射仪对其进行定量的表征。对FePt材料而言，可以采用Cu靶，加速电压为40 kV，工作电流为40 mA。FCC结构的薄膜样品选择{111}、{200}和{311}极图，$L1_0$结构的薄膜样品选择{001}、{110}、{111}、{200}和{201}极图，并根据Bunge级数展开法计算取向分布函数（orientation distribution function，ODF）。

图1-23为Schulz反射法衍射几何的示意图，该方法扫测角度范围宽，制作方便，若选得合适晶面，往往只需测反射区极图即可基本判定织构。利用反射区数据计算ODF，并通过对称关系可测完整极图。反射法便于检测物体表层织构，结果较准确，故被广泛应用。

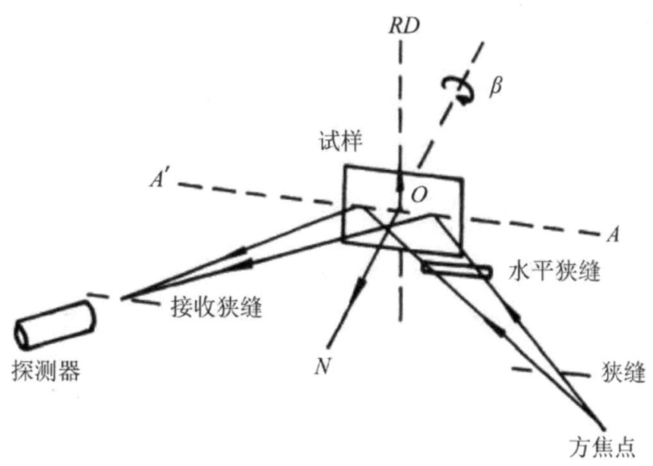

图1-23 Schulz反射法衍射几何示意图

1.4.2 扫描电子显微镜

扫描电子显微镜（SEM）的原理是依据电子与物质的相互作用，当电子枪产生的高能电子束入射到样品的某个部位时，在相互作用区内发生弹性散射和非弹性散射，从而产生背散射电子、二次电子、吸收电子、特征和连续谱X射线、俄歇电子、阴极荧光等各种有用的信号。利用合适的探测器检测这些信号大小，就能够确定样品在该电子入射部位内的某些性质，例如微区形貌或成分等。

根据电子枪种类的不同，扫描电子显微镜可分为钨丝枪、六硼化镧、场发射电子枪（冷场发射和热场发射）扫描电子显微镜。相对于钨丝枪扫描电子显微镜，场发射电子枪扫描电子显微镜具有分辨率高的特点，其分辨率接近透射电子显微镜。由于所观察样品的晶粒尺寸较小，实验采用热场发射扫描电子显微镜。

1.材料组织形貌观察

材料界面的特征、零件内部的结构及损伤的形貌，都可以借助扫描电子显微镜来判断和分析。反射式的光学显微镜直接观察大块试样很方便，但其分辨率、放大倍数和景深都比较低。而扫描电子显微镜的样品制备简单，可以实现试样从低倍到高倍的定位分析。在样品室中，试样不仅可以沿三维空间移动，还能够根据观察需要进行空间转动，以利于使用者对感兴趣的部位进行连续、系统的观察分析。扫描电子显微图像因真实、清晰并富有立体感，在金属断口和显微组织三维形态的观察研究方面得到了广泛应用。

2.薄膜表面形貌分析和厚度检测

金属材料零件在使用过程中不可避免地会遭受环境的侵蚀，容易发生腐蚀现象。为保护母材及成品件，常常需要进行表面防腐处理。有时为利于机械加工，在工序之间也要进行镀膜处理。由于镀膜的表面形貌和深度对使用性能具有重要影响，所以其常常作为研究的技术指标。镀膜的深度很薄，由于光学显微镜放大倍数的局限性，使用金相方法检测镀膜的深度和镀层与母材的结合情况比较困难，而扫描电子显微镜却可以很容易地完成。使用扫描电子显微镜观察分析镀层表面形貌方便、易行、有效，样品无须制备，只需直接放入样品室内即可放大观察。

3.微区化学成分分析

在样品的处理过程中，有时需要提供包括形貌、成分、晶体结构或位向在内的丰富资料，以便能够更全面、客观地进行判断分析。为此，相继出现了扫描电子显微镜-电子探针等多种具有分析功能的组合型仪器。扫描电子显微镜如配有X射线能谱（EDS）和X射线波谱成分分析等电子探针附件，可分析样品微区的化学成分等。材料内部的夹杂物等，由于它们的体积细小，因此无法采用常规的化学方法进行定位鉴定。扫描电子显微镜可以提供重要的线索和数据。一般而言，常用的X射线能谱仪能检测到的成分含量下限为0.1%（质量分数），可以应用在判定合金中析出相或固溶体的组成、测定金属及合金中各种元素的偏析、研究电镀等工艺过程中所形成的异种金属的结合状态、研究摩擦和磨损过程中的金属转移现象以及失效件表面的析出物或腐蚀产物的鉴别等方面。

4.电子背散射衍射技术

利用电子背散射衍射（EBSD）技术测定薄膜表面的微观组织、晶粒取向、晶粒大小分布及晶界类型等方面的信息。

微观织构狭义来讲指微区内晶粒取向分布或择优的规律，广义来讲还包括各类晶界的取向分布以及晶粒间的取向差分布。EBSD技术被认为是最具生命力的测定微观织构的方法之一。X射线测出的宏观织构不包括晶界类型和取向差分布，也无法知道位置与取向的对应关系，然而其统计性却明显高于EBSD技术。总的说来，EBSD技术能够同时展现晶体材料显微组织、结构与取向分布，是对X射线衍射和电子衍射晶体结构和晶体取向分析的补充。

EBSD分析系统的基本结构如图1-24所示。为获得足够高的衍射强度，放入扫描电子显微镜样品室内的样品需要经大角度倾转。入射电子束与样品表面区发生散射，其中一部分背散射电子入射到某些晶面，因满足布拉格衍射条件而再次发生弹性相干散射，即菊池衍射。出射到样品表面外的背散射电子透射到CCD相机前端的荧光屏上显像，形成电子背散射衍射花样，被CCD相机拍摄的衍射花样由数据采集系统扣除背底并经Hough变换，自动识别确定菊池带的位置、宽度、强度、带间夹角，与对应的晶体学库中的理论值进行比较，标出对应的晶面指数与晶带轴，并算出所测晶粒晶体坐标系相对于样品坐标系的取向。取向测定的具体步骤：（1）利用SEM中的点模式产生菊池带；（2）计算机捕获图；（3）菊池带的识别与标定；（4）取向信息的储存。一般进行取向成像时每秒可测3～4个取向。根据操作者设置的参数，扫描电子显微镜样品台或电子束在程序控制下逐点扫描从而获取取向信息，这就是取向成像的数据采集过程。

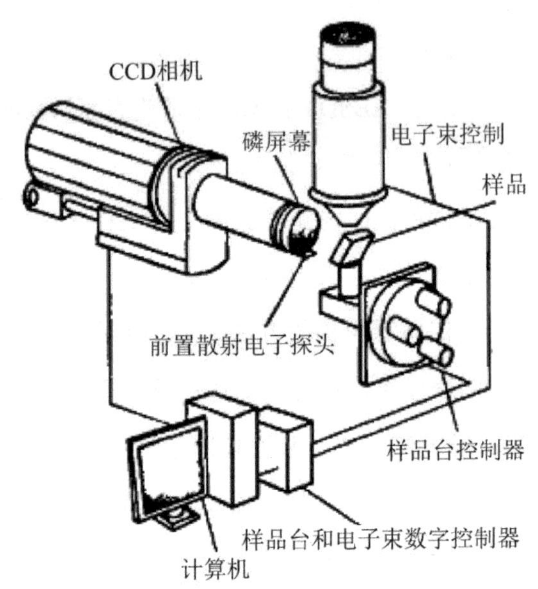

图1-24　EBSD分析系统的基本结构

完成一个区域取向数据采集后，后续数据处理软件可以得到测试区域中各个晶粒的取向、晶粒间取向差、相分布、晶界类型以及位错密度（因为菊池线的质量随缺陷密度的增大而降低）等信息。

1.4.3 原子力显微镜

原子力显微镜（AFM）是利用原子之间的范德瓦尔斯力的这个特点来工作的，其分辨率高，无须样品导电即可进行测量。对于薄膜表面形貌检测方面，AFM相比SEM更具有独特优势，因为它可以提供样品表面三维立体的形貌。

原子力显微镜的基本原理是通过微弱力非常敏感的弹性悬臂上的针尖尖端对样品表面做光栅式扫描。当针尖尖端和样品表面的距离非常近时，针尖尖端的原子与样品表面的原子之间存在极微弱的作用力（10^{-12}～10^{-6} N），微悬臂会发生微小的弹性形变。测定微悬臂形变量的大小，就可以获得针尖与样品之间作用力的大小。针尖与样品之间的作用力与距离有强相关关系，所以在扫描过程中利用反馈回路，保持针尖与样品之间的作用力恒定，即保持微悬臂的形变量不变，针尖就会随表面的起伏上下移动，记录针尖上下运动的轨迹即可得到表面形貌的信息，其工作原理如图1-25所示。

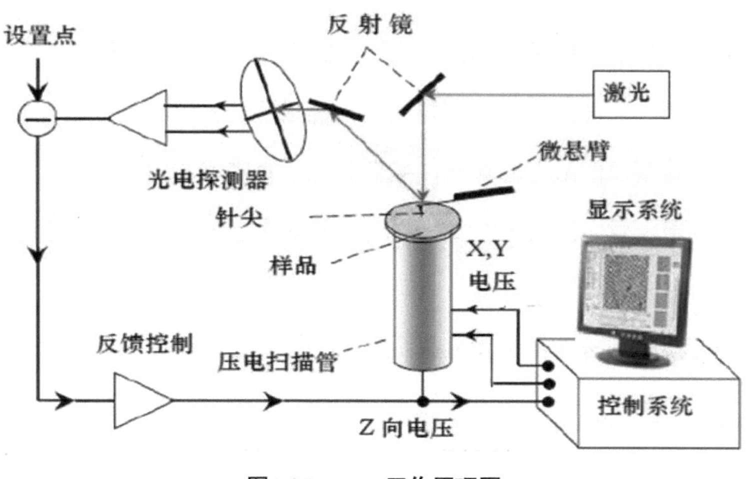

图1-25 AFM工作原理图

随着膜技术的蓬勃发展，人们试图通过控制膜的表面形态结构，改进制膜的方法，从而提高膜的性能。在过去多年的研究中，关于膜的制备、形态与性能之间的关系已经做了多方面的尝试和研究，而且这些尝试和研究对于膜的形成与透过机理都十分有价值，然而由于过程相当复杂，对其中的理解仍然是不够充分的。1988年，当AFM发明以后，研究人员首次将其应用于聚合物膜表面形态的观测之中，为膜表面形态的研究开启了一扇新的大门。AFM在膜技术中的应用相当广泛，它可以在大气环境下和水溶液环境中研究膜的表面形态，精确测定其孔径及孔径分布，还可在电解质溶液中测定膜表面的电荷性质，定量测定膜表面与胶体颗粒之间的相互作用力。无论在对哪个参数的测定中，AFM都显示了其他方法所没有的优点，因此，其应用范围迅速扩大，已经成为膜科学技术发展和研究的基本手段。

AFM通过探针在试样表面来回扫描，生成可达到原子分辨率水平的图像，并不苛刻的操作条件（它可以在大气和液体环境中操作）以及试样不需进行任何预处理的特点，使其在膜技术中的应用方面引起了广泛关注。

AFM在薄膜技术中的应用与研究主要包括以下几个方面：

（1）薄膜表面结构的观察与测定，包括孔结构、孔尺寸、孔径分布。

（2）薄膜表面形态的观察，确定其表面粗糙度。

（3）薄膜表面污染时的变化，以及污染颗粒与膜表面之间的相互作用力，确定其污染程度。

（4）薄膜制备过程中相分离机理与不同形态膜表面之间的关系。

1.4.4 透射电子显微镜

透射电子显微镜（TEM）的原理是入射电子束可用电磁透镜聚焦使之入射到样品表面，电子进入试样后会被晶格散射或发生衍射。来自试样不同部位朝同一方向散射的同相位衍射束，经过物镜作用后聚焦于物镜后焦平面上，形成衍射斑。在物镜后焦平面上汇聚的衍射波又作为新的次级波，经过相干干涉后在像平面上形成反映物体本身特征的图像。

TEM最常见的工作模式有两种，即成像模式和衍射模式。在衍射模式下，可以对样品进行物相分析。单晶样品的衍射斑是规则排列的点阵，多晶样品的衍射斑是不同半径的圆环，非晶样品的衍射斑是一晕圈。对选定的区域通过电子衍射法来研究样品的物相和结构称为选区电子衍射（SAED）。

透射电子显微镜在薄膜材料研究中的主要应用包括以下几个方面：

（1）通过厚度衬度和相位衬度对薄膜的形貌进行观察。

（2）利用电子衍射和选区电子衍射、会聚束电子衍射等方式对薄膜中的晶粒进行晶体结构的确定，得到薄膜材料的物相、取向关系、外延生长方向等晶体学信息。

（3）利用高分辨电子显微技术可以观察薄膜内部的原子结构及排列等微观结构；结合衍射花样可观察薄膜内部的结构缺陷，判断缺陷类型及缺陷密度等。

（4）利用透射电子显微镜附加的EDS以及能量损失谱可以确定薄膜中的成分及元素信息。

由于晶体点阵对电子具有很大的散射能力，而且随着原子序数的增加而提高，因而TEM所用的样品需要很薄，通常为50～100 nm，高分辨像要求样品更薄。通常制备透射电子显微镜样品的步骤如下：切取小块样品，预减薄（采用机械减薄法或化学减薄法），凹坑，终极减薄（双喷电解抛光法和离子减薄法）。

第 2 章　磁控溅射制备 FePt 薄膜的有序化转变

近年来，超高密度硬盘驱动器得到飞速的发展，当磁记录面密度达到156 Gbits/cm^{2}时，晶粒尺寸应小于5 nm，此时由于热稳定性的需要，磁记录材料必须具有更高的磁晶各向异性才可以克服由超顺磁效应引起的热退磁现象。$L1_0$-FePt有序合金具有极高的单轴各向异性（$K_u = 7\times10^6$ J/m^3），能够满足超高密度磁记录的需要，成为下一代磁记录介质的首选材料。

由于在室温下，直接沉积在基底上的FePt薄膜为无序的面心立方结构，而$L1_0$-FePt有序相的形成需要较高的基片温度或退火温度，一般要高于550 °C。这势必造成薄膜内晶粒的长大，不利于工业生产，对于磁记录介质的实用性来说，存在很大的困难，因此，降低FePt有序化转变温度成为一个重要的研究方向。目前人们利用各种方法来降低FePt薄膜的有序化转变温度，主要包括制备多层膜结构、掺杂第三元素、利用不同的插层、不同工艺退火以及离子辐照等。在磁控溅射法制备FePt薄膜的过程中，工艺参数会对薄膜的组织结构产生很大的影响，尤其是溅射气压的控制。有研究指出，提高溅射气压会使FePt薄膜产生拉应力，促进薄膜的有序化转变。但是也有实验表明，高的溅射气压会降低沉积原子的扩散能力，阻止有序相的形成。因此，在FePt薄膜的制备过程中，溅射气压对FePt薄膜微观结构及有序化转变的影响尚不明确，需要进行深入研究。此外，FePt薄膜中的晶粒长大对其物理及机械性能会产生强烈的影响，特别是磁记录薄膜的磁性能与晶粒尺寸密切相关，包括矫顽力、信噪比和磁记录面密度。对于FePt薄膜来说，在退火处理的过程中，薄膜内会同时出现晶粒长大与有序化转变现象，这两种现象之间的相互关系会对薄膜的结构产生较大的影响。因此，研究FePt薄膜在退火过程中的晶粒长大与有序化转变动力学对提高其磁性能是十分必要的。

本章采用磁控溅射法在不同溅射气压条件下制备FePt薄膜，研究溅射气压对微观结构和有序化转变过程的影响，为有效降低FePt薄膜的有序化转变温度提供一定的理论依据；并用EBSD技术对薄膜内的晶粒尺寸进行定量表征，计算薄膜的晶粒长大激活能；用差示扫描量热法（DSC）计算FePt薄膜的有序化转变激活能，进一步讨论退火过程中晶粒长大和有序化转变过程的相互影响。

2.1 溅射气压对 FePt 薄膜的有序化转变的影响

采用直流磁控溅射方法在非晶热氧化SiO_2/Si基底上制备100 nm厚的FePt薄膜，利用贴片溅射的方法，在Fe靶上贴不同数量的Pt片来控制Fe和Pt的含量比例，通过EDS确定FePt薄膜的原子百分比为53∶47。溅射前本底真空度优于3×10^{-4}Pa，溅射功率为30 W，工作气压分别为0.25 Pa、0.50 Pa、0.75 Pa、1.00 Pa，沉积后测得的溅射速率分别为7.4 nm/min、7.8 nm/min、8.4 nm/min、10.8 nm/min，通过调节溅射时间，控制薄膜厚度。沉积态的FePt薄膜放入真空炉内进行退火热处理，退火温度为550 ℃和600 ℃，退火时间为30 min。

用X射线衍射（XRD）表征沉积态和退火态FePt薄膜的晶体结构。用SEM和AFM观察样品的组织及表面形貌。用EBSD技术分析退火后FePt薄膜的晶粒尺寸、取向分布等晶体学信息。

2.1.1 不同溅射气压下 FePt 薄膜的晶体结构

首先，对不同溅射气压的沉积态和退火态薄膜样品进行XRD表征，分析退火前后薄膜样品的晶体结构变化，判断薄膜样品在退火后是否发生了有序化转变。图2-1是在不同溅射气压下制备的沉积态和退火态FePt薄膜样品的X射线衍射图谱。其中，图2-1（a）是沉积态薄膜样品的X射线衍射图谱，从图中可以看出，沉积态FePt薄膜的衍射图谱中只有{111}和{200}衍射峰，说明所有沉积态薄膜样品均为无序的面心立方结构。对沉积态样品{111}衍射峰的强度和半高宽进行了定量的统计和比较，从统计结果可以看出：在0.25 Pa下沉积的FePt薄膜，{111}衍射峰强度最高而且半高宽最小，说明薄膜具有良好的结晶度；在0.50 Pa下沉积的薄膜样品的{111}衍射峰强度开始下降并且半高宽变宽，表明结晶度开始下降；随着溅射气压的继续增大，薄膜样品中{111}衍射峰的强度明显下降并且严重宽化，说明薄膜内的结晶度越来越低，缺陷越来越多。根据图2-1（a）的衍射结果可知，溅射气压对沉积态薄膜的结构产生了很大的影响，随着溅射气压的增大，{111}衍射峰的强度越来越低并且半高宽越来越宽化，导致样品的结晶性越来越差，内部的缺陷越来越多，这样的结构变化可能会对后续退火热处理过程中的有序化转变带来不良影响。

对沉积态样品分别进行550 ℃和600 ℃的退火处理。图2-1（b）是经过550 ℃退火30 min后薄膜样品的X射线衍射图谱。当发生有序化转变时，由于a轴伸长、c轴缩短，使得晶格常数发生了变化（$a=b\neq c$），造成对称性降低，空间群从Fm-3m变为P4/mmm，使X射线衍射谱发生变化，尤其在$2\theta=57.5°$的位置，会由原来的{200}衍射峰分裂为{200}和{002}两个超晶格衍射峰。从图2-1（b）中可以明显地看出，只有在溅射气压为0.25 Pa的薄膜样品中出现了{001}、{110}、{002}和{201}超晶格衍射峰，证明该状态下的FePt薄膜样品发生了有序化转变，并形成了$L1_0$有序相。但是在溅射气压0.50 Pa以上制备的FePt薄膜样品，退火后并没有出现超晶格衍射峰，说明这些薄膜样品没有发生有序化转变，其晶体结构仍然是无序的面心立方结构。图2-1（b）的衍射结果可以说明，溅射气压为0.25 Pa的薄膜样品在经过550 ℃的退火后，优先发生了有序化转变，但是在更高的溅射气压下制备的薄膜样品没有发生有序化转变，仍然为无序的面心立方结构。

图2-1（c）是经过600 ℃退火后薄膜样品的X射线衍射图谱。可以看出，除在0.25 Pa溅射气压下制备的FePt薄膜之外，在溅射气压为0.50 Pa下制备的FePt薄膜X射线衍射谱中，同样出现了明显的{001}、{110}、{002}和{201}超晶格衍射峰，说明该样品也发生了有序化转变。另外，在溅射气压为0.75 Pa下制备的FePt薄膜X射线衍射谱中，出现了{001}和{110}超晶格衍射峰，但是衍射强度很低，并且{200}衍射峰没有发生分裂形成{002}超晶格衍射峰，说明该状态下的薄膜样品有序化转变没有完成，只是处于有序化转变的开始阶段，有序化程度很低。当溅射气压提高到1.00 Pa时，与0.75 Pa的薄膜样品一样，在X射线衍射谱中只出现了强度非常弱的{011}和{110}衍射峰，说明该状态下的样品同样处于有序化转变的开始阶段。以上结果表明，在经过600 ℃退火30 min以后，在溅射气压为0.25 Pa和0.50 Pa下制备的薄膜样品已经发生了有序化转变，但是在溅射气压为0.75 Pa和1.00 Pa下制备的薄膜样品在经过30 min的退火后，并没有完成有序化转变，有序化程度仍然很低。

XRD结果说明，在退火的过程中，在高溅射气压下制备的薄膜样品有序化转变过程进行缓慢，这可能与样品内部的微观结构有关，还需要进一步的实验表征。此外，观察图2-1（c）中不同状态薄膜样品的{111}衍射峰的位置，可以看出随着溅射气压的降低，{111}衍射峰的位置逐渐向右移动，这是因为当完成有序化转变后，点阵常数的变化使薄膜内{111}面的晶面间距缩小。根据图2-1（c）中不同薄膜样品{111}衍射峰的变化规律得出，随着溅射气压的提高，衍射峰的位移量越来越低，{111}面的晶面间距变化程度越来越小，这也可以反映出其有序化过程越来越困难。

通过分析和比较在不同溅射气压条件下制备的沉积态和退火态样品的X射线衍射谱，说明溅射气压对FePt薄膜的有序化转变过程产生了强烈的影响。在低溅射气压条件下制备的FePt薄膜，有序化转变温度低；而在高溅射气压下制备的薄膜样品，在退火过程中的有序化转变困难，因此造成了有序化转变温度的升高。溅射气压对FePt薄膜有序化转变过程的影响与薄膜内部微观结构的变化有很大关系，因此需要对不同溅射气压下薄膜样品的微观结构进行深入的分析，进一步探讨薄膜微观结构特征对有序化转变过程的影响。

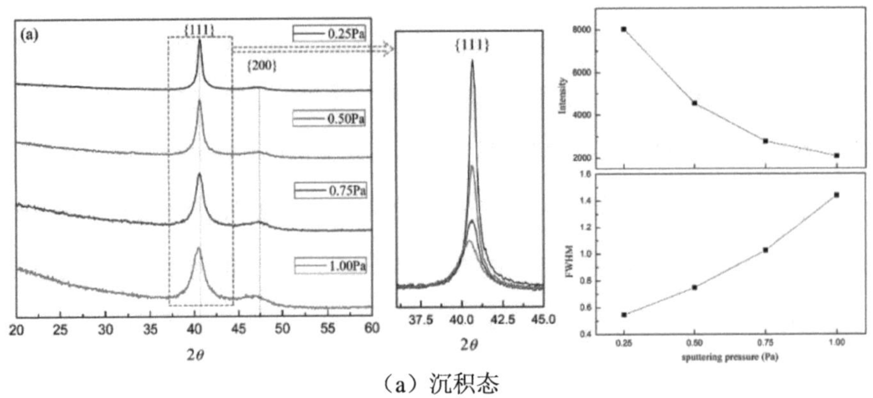

（a）沉积态

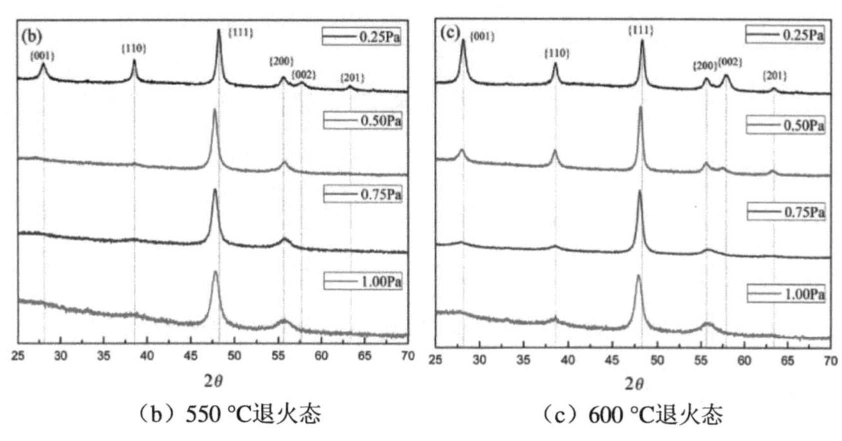

（b）550 °C退火态　　（c）600 °C退火态

图2-1　FePt薄膜X射线衍射图谱

2.1.2 不同溅射气压下 FePt 薄膜的表面形貌

用SEM对不同状态的薄膜样品表面形貌进行表征。图2-2所示为不同溅射气压下沉积态和600°C退火态FePt薄膜的表面形貌图，其中：图2-2（a）—（d）分别为溅射气压为0.25 Pa、0.50 Pa、0.75 Pa、1.00 Pa的沉积态FePt薄膜样品的表面形貌图；图2-2（e）—（h）是600 °C退火态FePt薄膜样品的表面形貌图。从图2-2（a）中可以看出，在0.25 Pa下沉积的FePt薄膜表面光滑平整，没有出现明显的岛状颗粒，薄膜的结构连续完整，没有出现裂纹等缺陷。当溅射气压提高到0.50 Pa时，薄膜样品内部开始出现起伏，薄膜表面开始变得不平整，可以看到有岛状颗粒的出现。随着溅射气压的继续提高，0.75 Pa薄膜样品内的岛状颗粒数量明显增加，岛状颗粒的尺寸也有所变大，并且有些颗粒开始出现合并而形成团簇，使薄膜表面起伏程度增加。当溅射气压增加到1.00 Pa时，岛状颗粒的尺寸继续增大，团簇的程度越来越严重，薄膜内出现了沟槽。与低溅射气压下的薄膜样品相比，高溅射气压下的薄膜样品致密化程度降低，薄膜的表面粗糙度有所增加。这是因为在溅射功率不变的条件下，随着溅射气压的不断增加，单位时间内氩离子轰击靶材而产生的沉积原子数量增加，沉积速率不断增大。因此，随着溅射气压的改变，在单位时间内到达基底上的沉积原子数量不同。在较低的溅射气压下，沉积原子到达基底时，有足够的时间沿着基底表面进行扩散，并移动到自由能最低的位置；而在较高的溅射气压下，单位时间内到达基底的沉积原子更多，使得先到达基底的原子没有足够的时间进行表面扩散就被后来到达基底的原子所影响，与此同时，溅射原子在沉积过程中与氩离子有更大的碰撞概率，导致沉积在基底上的能量减小，使得其在基底上扩散的距离减小，因此容易形成团簇结构，使得薄膜以岛状模式生长。

图2-2（e）—（h）是600 °C退火态FePt薄膜样品的表面形貌图。在溅射气压为0.25 Pa和0.50 Pa的退火态FePt薄膜内部可以看到有晶粒长大的现象出现，如图2-2（e）—（f）所示。但是在更高的溅射气压下，由于薄膜内晶粒太小、晶界不明显等，超过了SEM分辨率的极限，无法更进一步清楚地对薄膜形貌和组织进行表征与分析。因此，在后续的实验中尝试用AFM和EBSD技术来分析薄膜的生长形貌和其内部的组织与微观结构。

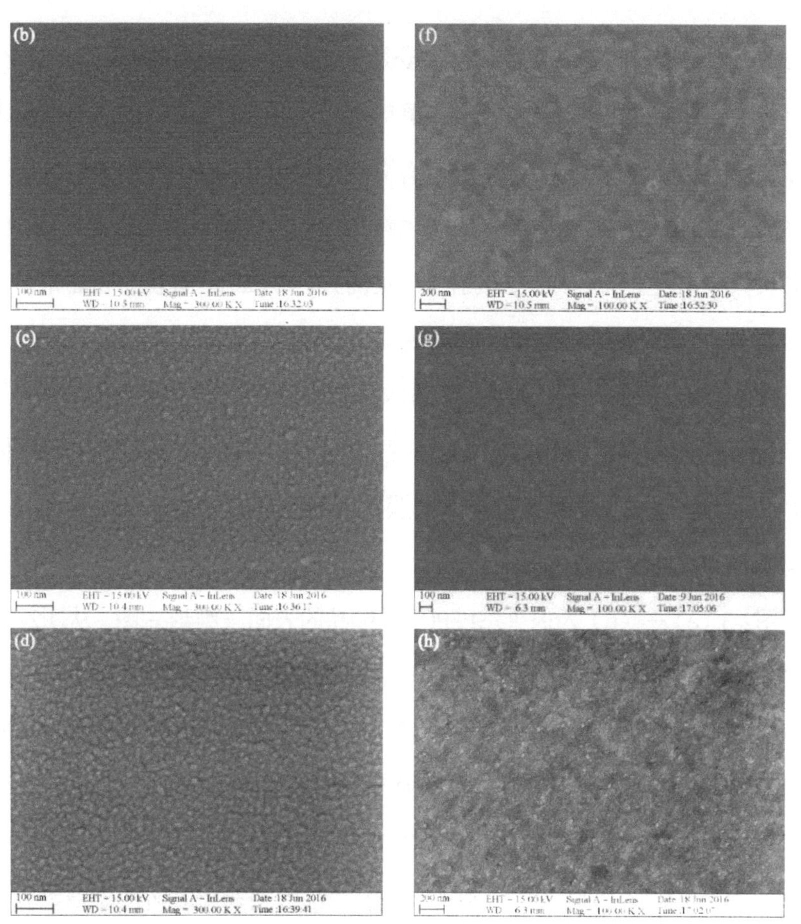

沉积态：（a）— 0.25 Pa；（b）— 0.50 Pa；（c）— 0.75 Pa；（d）— 1.00 Pa

600 ℃退火态：（e）— 0.25 Pa；（f）— 0.50 Pa；（g）— 0.75 Pa；（h）— 1.00 Pa

图2-2　不同溅射气压下FePt薄膜表面形貌图

原子力显微镜（AFM）是目前常用的一种可以精细表征薄膜表面生长过程三维形貌的先进手段。利用AFM得到不同溅射气压下沉积态的FePt薄膜样品和600 ℃退火态的FePt薄膜样品的表面三维形貌，如图2-3所示。其中，图2-3（a）—（d）分别是溅射气压为0.25 Pa、0.50 Pa、0.75 Pa和1.00 Pa时的沉积态FePt薄膜三维表面形貌图。在0.25 Pa溅射气压下的薄膜样品，表面十分平整，几乎看不到任何的岛状颗粒；而随着溅射气压的升高，在0.50 Pa溅射气压下的薄膜样品的表面开始出现起伏，并且有岛状颗粒出现；在0.75 Pa溅射气压下薄膜样品的表面变得更加粗糙，同时可以看到部分岛状颗粒的尺寸有所增加，有的岛状颗粒也发生了合并；当溅射气压提高到1.00 Pa时，薄膜的表面粗糙度大幅增加，岛状颗粒之间发生合并，出现了尺寸较大的团簇，薄膜内部出现了沟槽。总之，随着溅射气压的增加，沉积态薄膜的表面开始变得粗糙，有明显的颗粒和小岛出现，并且溅射气压越大，颗粒的尺寸也越大，通过岛与岛之间的合并产生的团簇数量也越来越多，薄膜从连续结构向非连续结构转变，这与SEM照片中的结果相符。

图2-3（e）—（h）为退火态FePt薄膜样品的表面三维形貌图。从图2-3（e）中可以看出，在0.25 Pa溅射气压下退火态薄膜的表面形貌相对于沉积态的薄膜表面出现了明显的颗粒和轻微的小岛状结构，说明退火处理会导致薄膜表面粗糙度增加。这是由于在退火过程中，薄膜内部的晶粒会长大，晶粒尺寸的差异性会造成表面粗糙度的形成。随着溅射气压的增加，从图2-3（g）中可以看出，溅射气压为0.75 Pa时的FePt薄膜表面粗糙度相对于其沉积态薄膜表面形貌的变化并不明显，说明该薄膜在退火过程中晶粒长大过程缓慢，晶粒尺寸变化不明显。当溅射气压升高至1.00 Pa时，如图2-3（h）所示，沉积态FePt薄膜退火后的表面粗糙度大幅增加，并且岛与岛之间团簇的程度更加严重。这是因为该溅射气压下的沉积态薄膜表面是以岛状模式生长的，经过退火处理后，加速了小岛的生长速度，使得退火态薄膜的表面粗糙度增大。此外，对比四种溅射气压下的退火态FePt薄膜表面形貌可以发现，随着溅射气压的增大，薄膜表面的粗糙度有所增加，因此，通过控制制备过程中的溅射气压的大小，能够在一定程度上改变FePt薄膜沉积态以及退火态的表面形貌。

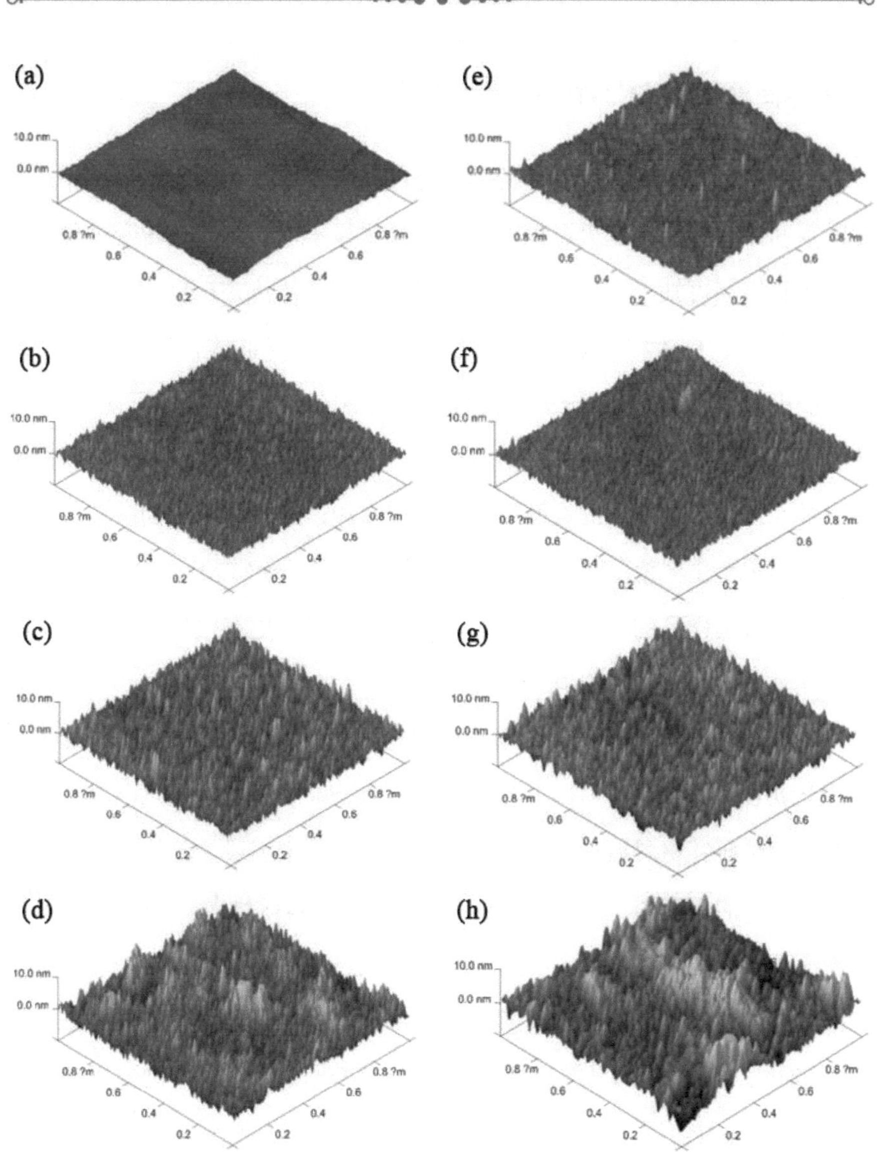

沉积态：（a）— 0.25 Pa；（b）— 0.50 Pa；（c）— 0.75 Pa；（d）— 1.00 Pa

600 °C退火态：（e）— 0.25 Pa；（f）— 0.50 Pa；（g）— 0.75 Pa；（h）— 1.00 Pa

图2-3　不同溅射气压下FePt薄膜三维表面形貌图

2.1.3 不同溅射气压下 FePt 薄膜的微观结构

不同溅射气压条件下制备的沉积态FePt薄膜样品，其表面形貌和结晶度区别明显，并且在退火过程中表现出了明显不同的有序化转变进程。从上述实验结果可知，不同的溅射气压使沉积态和退火态FePt薄膜的表面与生长形貌产生了很大的区别。在低的溅射气压下制备的薄膜表面光滑平整，粗糙度小，为连续结构，退火后没有发生明显的变化；在高的溅射气压下，薄膜内部开始有岛状颗粒和沟槽出现，并在退火后颗粒之间的团簇变得更加严重，从而导致薄膜的表面粗糙度明显增加，连续结构遭到破坏。这一系列的形貌变化会使薄膜内的微观结构发生改变，而SEM和AFM不能给出更多关于薄膜样品的微观结构信息，因此需要采用更有效的技术手段来深入研究不同溅射气压下的退火态FePt薄膜样品的微观结构变化。

在接下来的实验中，尝试用EBSD技术对薄膜样品的微观结构进行表征。因为EBSD技术可以有效并直观地表征每个晶粒的取向以及晶界等晶体学信息，是研究材料微观结构变化十分有效的技术手段，已经广泛地应用于块体材料的研究中，但是对于纳米级厚度的薄膜材料来说，利用EBSD技术表征其微观结构存在很大的困难。首先，在制备EBSD样品的过程中，不能像块体材料一样采用机械减薄法或双喷电解抛光法对薄膜的表面进行处理，同时由于薄膜内的晶粒尺寸很小，在EBSD标定的过程中需要用到极小的步幅，在这种情况下，薄膜表面的起伏会对EBSD的标定率产生严重的影响，造成标定率的下降。其次，薄膜的导电性不如块体材料，尤其是将其放置在空气中一段时间后表面发生氧化，并吸附很多的杂质元素，使得薄膜的导电性下降，在EBSD标定的过程中造成样品的漂移，无法完成有效的表征。这些因素限制了纳米薄膜材料在EBSD技术中的应用。

因此，为了解决以上问题，尝试了各种EBSD样品的制备方法，并找到了有效的解决办法。采用氩离子抛光仪对薄膜样品进行抛光，抛光工艺为：采用1 kV和3 kV的离子束能量，离子枪的角度为2°，抛光时的样品台旋转速度为3 r/min。先采用3 kV的离子束能量抛光30 s，然后采用1 kV的离子束能量抛光60 s。在抛光的过程中加入液氮进行冷却，以防止由于离子束轰击样品造成的温度升高对其微观结构造成影响。

图2-4（a）—（d）是600 ℃退火态FePt薄膜样品进行EBSD技术表征后得到的衬度图，相比于扫描电子显微镜和原子力显微镜，从菊池衬度图中可以更加清楚地观察到薄膜内的晶粒及晶界的形貌特征，可以准确地统计出薄膜的晶粒尺寸。同时，衬度图的明暗程度可以反映出薄膜样品的结晶程度，衬度越暗，表示样品的结晶程度越低，内部的缺陷密度越大。从图2-4中可以看出，随着溅射气压的增加，衬度图越来越暗，标定率越来越低，说明样品的结晶程度变得越来越低，缺陷密度也越来越大。经过600 ℃退火后，不同溅射气压下的薄膜样品内的微观组织形貌相似，晶粒的形状均是圆形颗粒，但是晶粒尺寸有很大的区别。

图2-4（a）和（b）分别是溅射气压为0.25 Pa和0.50 Pa的薄膜样品的EBSD衬度图，可以看到这两种薄膜样品中的晶粒均发生了明显的长大。但是从图2-4（c）和（d）分别是溅射气压为0.75 Pa和1.00 Pa的薄膜样品的EBSD衬度图，可以看到晶粒均十分细小，没有发现晶粒长大的现象。根据EBSD数据，对0.25 Pa、0.50 Pa、0.75 Pa和1.00 Pa的薄膜样品中的晶粒尺寸进行统计后得到平均晶粒尺寸分别为95.6 nm、92.4 nm、69.1 nm和63.7 nm。结果表明，随着溅射气压的增加，薄膜内的晶粒变得越来越小，高溅射气压条件下制备的薄膜样品经过退火后，晶粒并没有长大，说明其长大过程明显受到了抑制。这是因为薄膜材料与块体材料不同，在沉积态薄膜材料中存

在很多缺陷，这些缺陷会拖拽移动中的晶界并阻止晶界的迁移，在发生晶粒长大之前存在一定的“孕育时间”，在这段时间里，晶粒长大速率很慢，其过程受到阻碍，一旦空位通过扩散被消除，薄膜内的缺陷减少到一定程度，晶粒则会再次长大，“孕育时间”与缺陷的浓度成正比。随着溅射气压的增大，薄膜内部缺陷密度越来越大，使得“孕育时间”越来越长，抑制了薄膜中晶粒的长大，造成平均晶粒尺寸越来越小。同时，结合XRD数据发现，经过600 °C退火后，在0.25 Pa和0.50 Pa溅射气压下制备的薄膜样品都发生了晶粒长大和有序化转变，但是0.75 Pa和1.00 Pa的薄膜样品退火后晶粒长大和有序化转变的过程并没有明显发生。因此，在磁控溅射法制备FePt薄膜的过程中，采用低的溅射气压，有利于得到结构良好的薄膜，并且在退火处理的过程中，可以促进$L1_0$有序相的形成，降低有序化转变温度。

图2-4　600 °C退火态FePt薄膜的衬度图

图2-5是根据EBSD数据得到的取向差分布图，图中从灰色（0°）到白色（5°），取向上的变化可以定性地描述退火后FePt薄膜内的残余应变的分布情况。对于退火态FePt薄膜来说，应变的产生主要来自以下几个方面：一是薄膜与基底之间的热膨胀系数差造成的热应变；二是由缺陷消失、晶界数量减少引起体积收缩产生的生长应变；三是有序化转变产生的相变应变。从图2-5（a）中可以看出，在0.25 Pa溅射气压下制备的FePt薄膜的残余应变最小，但是随着溅射气压的增大，薄膜内的残余应变越来越大。结合图2-1中的XRD数据可知，经过600 °C退火后，0.25 Pa和0.50 Pa的薄膜样品已经完成了有序化转变，其内部不再产生由有序化转变造成的应变，并且薄膜内的应变通过晶粒长大而得到了有效释放。但是对于0.75 Pa和1.00 Pa的薄膜样品来说，在600 °C退火过程中，薄膜内部的有序化转变还没有完成而且晶粒生长缓慢，由有序化转变引起的应变并不能通过晶粒长大而得到消除，在退火处理完成后留在了薄膜内。因此，相比于低溅射气压的薄膜样品，在高溅射气压下制备的薄膜样品会存在更大的残余应力。

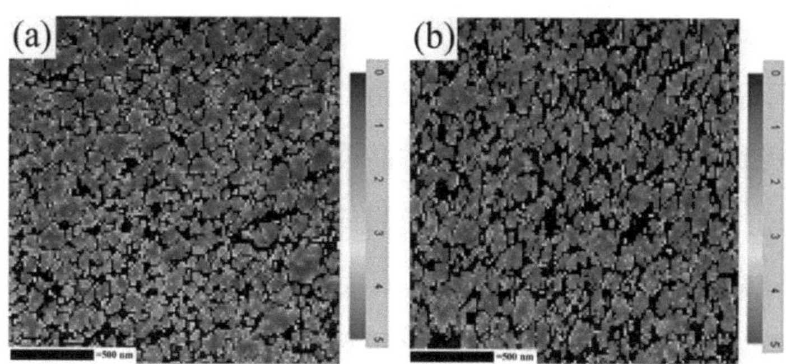

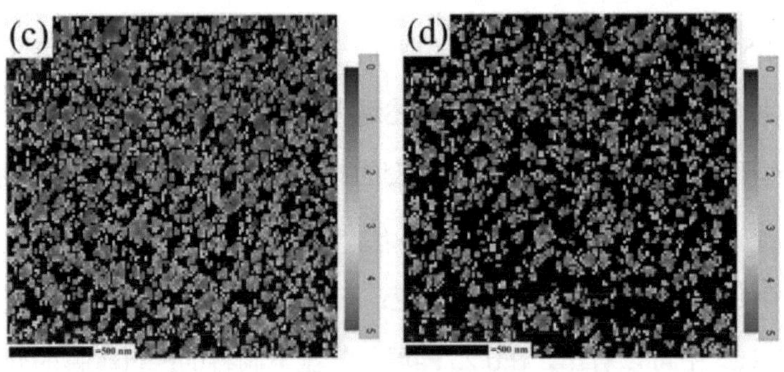

（a）— 0.25 Pa；（b）— 0.50 Pa；（c）— 0.75 Pa；（d）— 1.00 Pa

图2-5　600 °C退火态FePt薄膜局部取向差分布图

以上关于FePt薄膜表面形貌、晶体结构以及微观结构的研究结果说明：溅射气压的增大，导致沉积态薄膜内的岛状颗粒尺寸增加、表面粗糙度增大、薄膜内缺陷增加以及结晶性变差。这样的结构特征使得在高溅射气压下制备的薄膜样品的有序化转变困难，同时晶粒的长大过程也受到了抑制。对于FePt薄膜而言，当发生有序化转变时，晶核的长大机制为界面过程控制热激活长大。从实验现象得出，在高的溅射气压下沉积的FePt薄膜样品，其结晶度比较差，薄膜结构不连续，内部原子的扩散变得困难，这种结构特征阻碍了有序化转变过程，同时又由于薄膜内部的缺陷密度高，使晶界的迁移受到了阻碍，也影响了薄膜的晶粒长大。溅射气压的变化对晶粒长大和有序化转变同时造成了影响：采用低溅射气压制备的FePt薄膜会促进有序化转变，但是引起了晶粒的长大；而高的溅射气压虽然抑制了晶粒长大的过程，但是同时也阻碍了有序化转变的进程，因此需要优化制备工艺来找到合适的工艺参数以满足在有序化转变的同时不引起晶粒的异常长大。在接下来的研究中，将分别讨论FePt薄膜在退火过程中的晶粒长大和有序化转变动力学，为优化制备工艺提供一定的借鉴。

2.1.4 不同溅射气压下 FePt 薄膜的磁性能

对600 ℃退火后FePt薄膜样品进行磁性能的测量，测量方向分为平行于磁场和垂直于膜面两个方向。图2-6是600 ºC退火态FePt薄膜的磁滞回线图，图中曲线分别代表外加磁场平行于薄膜表面和垂直于薄膜表面。可以看出，不同溅射气压下的退火态薄膜样品的磁滞回线差异明显，展现出了不同的磁化行为，这与薄膜样品所具有的相结构有关。图2-6（a）是0.25 Pa溅射气压下薄膜样品的磁滞回线，XRD结果表明薄膜样品内部结构为$L1_0$有序相，所以在磁滞回线上表现出硬磁特性。从磁滞回线上可以看到该薄膜样品具有较大的矫顽力，达到了1.5 T。图2-6（b）是当溅射气压为0.50 Pa时薄膜样品的磁滞回线，该薄膜样品同样发生了有序化转变，从而展现出了硬磁特性，其矫顽力为0.9 T，小于0.25 Pa溅射气压下的薄膜样品。这是因为在$L1_0$-FePt薄膜中，$L1_0$有序相含量越高，矫顽力越大。图2-6（c）和（d）分别是当溅射气压为0.75 Pa和1.00 Pa时薄膜样品的磁滞回线，因为样品中均没有$L1_0$有序相，所以在磁滞回线上表现为软磁特性，且具有很小的矫顽力。

对于$L1_0$-FePt薄膜来说，[001]方向为易磁化轴，当晶粒的[001]轴垂直于薄膜表面时，会造成垂直膜面和平行膜面的磁性能各向异性。而由于面心立方结构的FePt薄膜不存在易磁化轴，其磁性能应为各向同性，但是从图2-6（c）和（d）中可以看出，垂直于薄膜表面和平行膜面的磁滞回线仍存在较大的差异，表现出了一定的磁性能各向异性。这是因为在FePt薄膜中的这种磁性能差异可能与它的生长结构有关。为了证实FePt薄膜的生长结构，对0.75 Pa溅射气压下的退火态薄膜样品的截面进行了EBSD技术表征，观察薄膜在生长方向的组织形貌。图2-7（a）是EBSD衬度图，显示为FePt薄膜在生长方向的组织形貌，从图中可以看出，晶粒以柱状晶形式从基底向上生长。图2-7（b）是薄膜的取向成像图，体现了薄膜内晶粒的不同取向。从EBSD结果可以看出，0.75 Pa的退火态薄膜样品中的晶粒是以柱状晶的形式沿着不同的取向生长的，薄膜内不存在纤维织构，生长方向为各向同性。已有研究表明，具有柱状晶组织的薄膜，在其面内方向和面外方向的磁化方式和磁畴翻转距离不同，会显示出一定的磁各向异性。对于具有柱状晶组织的FePt薄膜来说，晶粒在薄膜面内是以圆形颗粒形状存在的，但在生长方向却呈矩形形状，同时面内方向的半径小于面外方向的薄膜厚度，使得在磁化翻转时的翻转距离具有较大的差异。因此，在FePt薄膜中，薄膜面内和面外方向存在着很大的形状各向异性，从而造成了垂直膜面和平行膜面的磁性能差异。

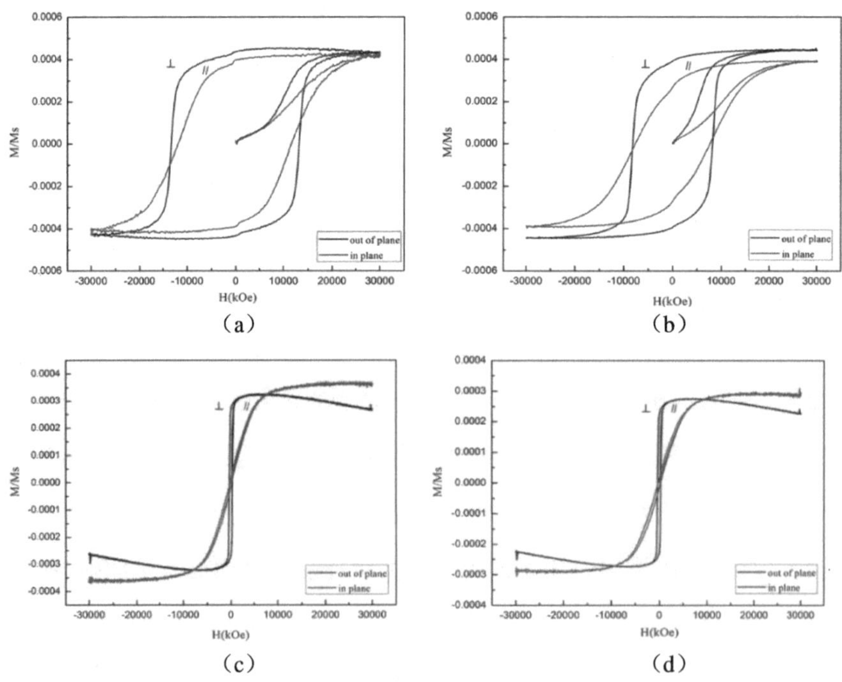

图2-6　600 °C退火态FePt薄膜的磁滞回线图

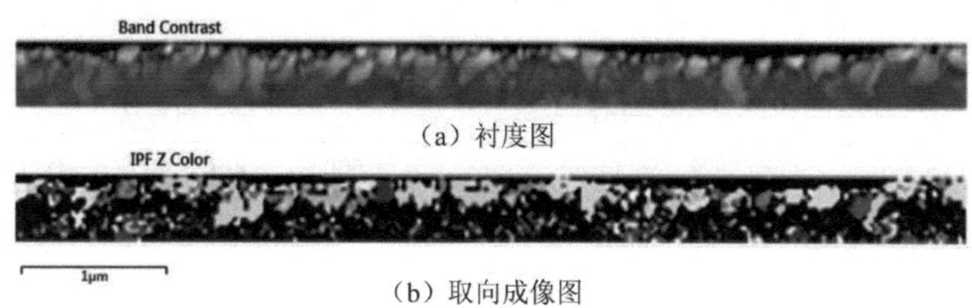

（a）衬度图

（b）取向成像图

图2-7　0.75 Pa溅射气压下的FePt薄膜生长方向的微观结构

2.2 FePt 薄膜的晶粒长大过程研究

从上文的研究中可知，采用低溅射气压制备FePt薄膜，会促进有序化的转变，但是同时也造成了晶粒的长大。而高的溅射气压虽然抑制了薄膜晶粒的长大，但同时也阻碍了有序化转变的进程。在有序化退火的过程中，FePt薄膜的有序化转变总是伴随着晶粒的长大的。作为垂直磁记录介质材料，晶粒长大不利于磁记录密度的提高，因此有必要通过研究FePt薄膜在退火过程中的晶粒长大动力学和有序化转变动力学来优化制备工艺、控制薄膜内的晶粒长大。

用磁控溅射法在非晶热氧化SiO_2/Si基底上制备$Fe_{53}Pt_{47}$薄膜，利用贴片溅射的方法，在Fe靶上贴不同数量的Pt片来控制Fe和Pt的含量。溅射前本底真空度优于3×10^{-4} Pa，溅射时溅射功率为30 W，溅射气压为0.25 Pa。将沉积态的FePt薄膜样品分为两组，每组4个样品，采用等温和非等温两种退火方式，放入真空炉内进行退火处理。退火工艺如表2-1所示。

表2-1　FePt薄膜的退火工艺

	第一组样品	第二组样品
退火温度	600℃	500℃、550℃、600℃、700℃
退火时间	15min、30min、45min、60min	30min

研究薄膜晶粒尺寸时，一般采用XRD来表征其衍射峰的半高宽，并通过谢乐公式来计算平均晶粒尺寸。引起衍射峰半高宽宽化的原因有很多，包括仪器设备、缺陷密度和结晶度等。尤其是在不同的样品中，薄膜内部的缺陷密度和结晶度的差异，会导致衍射峰宽化的程度不同。在根据半高宽计算薄膜平均晶粒尺寸的过程中，无法有效地去除这些影响，计算结果会产生较大的误差。而在利用SEM和AFM表征薄膜表面形貌的过程中，因为薄膜的晶粒太小和受设备分辨率的限制，无法显示出薄膜内部晶界的形貌，从而无法对晶粒尺寸进行精确的表征。此外，在用TEM对薄膜进行观察的过程中，由于晶粒取向不同而引起衬度的变化，也会对统计晶粒尺寸造成一定的影响。因此，本实验用EBSD技术对薄膜的晶粒尺寸进行表征，扫描面积为3 μm×3 μm，扫描步长为10 nm。最后，根据EBSD结果对不同状态样品的晶粒尺寸进行定量统计，并计算平均晶粒尺寸。

2.2.1 不同退火状态下 FePt 薄膜的晶粒尺寸

图2-8是通过EBSD技术表征得到的不同退火态FePt薄膜的衬度图。从图中可以清楚地看到，所有薄膜样品内的晶粒均呈现均匀的圆形结构，随着退火温度的升高以及退火时间的延长，晶粒尺寸逐渐增大。为了进一步研究FePt薄膜在退火过程中晶粒长大的过程，对所有薄膜样品的晶粒尺寸进行了定量统计，如图2-9所示。其中，图2-9（a）和（b）是薄膜样品的晶

粒尺寸分布图，图2-9（c）和（d）是平均晶粒尺寸随退火温度与退火时间变化的关系图。从图中可以看出，在等温退火的条件下，退火时间为15～45 min的薄膜，其晶粒尺寸接近80 nm且分布比较集中，而当退火时间达到60 min时，平均晶粒尺寸增大到90 nm，并且分布变宽。在非等温退火条件下，500～600 °C退火态薄膜的平均晶粒尺寸大约为80 nm，而当退火温度升高到700 °C时，平均晶粒尺寸达到110 nm。

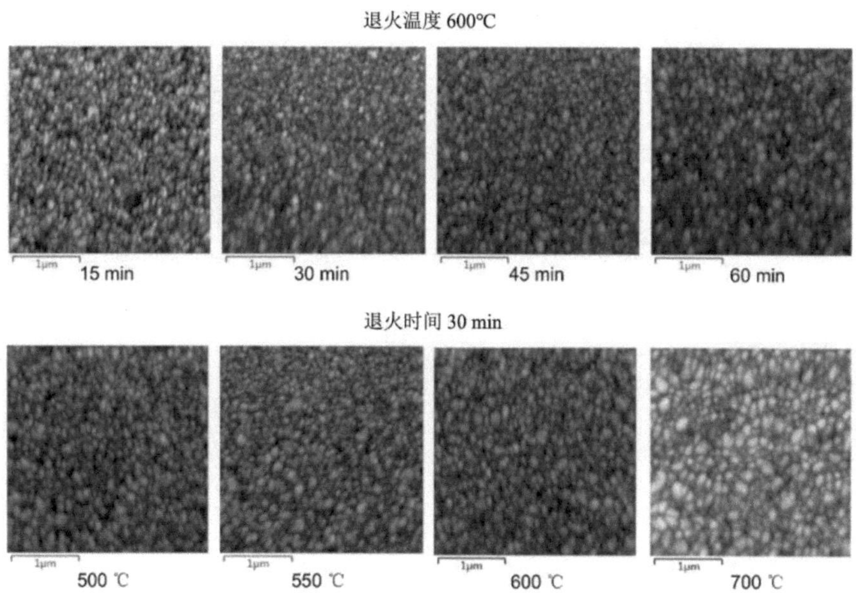

图2-8　不同退火状态下的FePt薄膜的衬度图

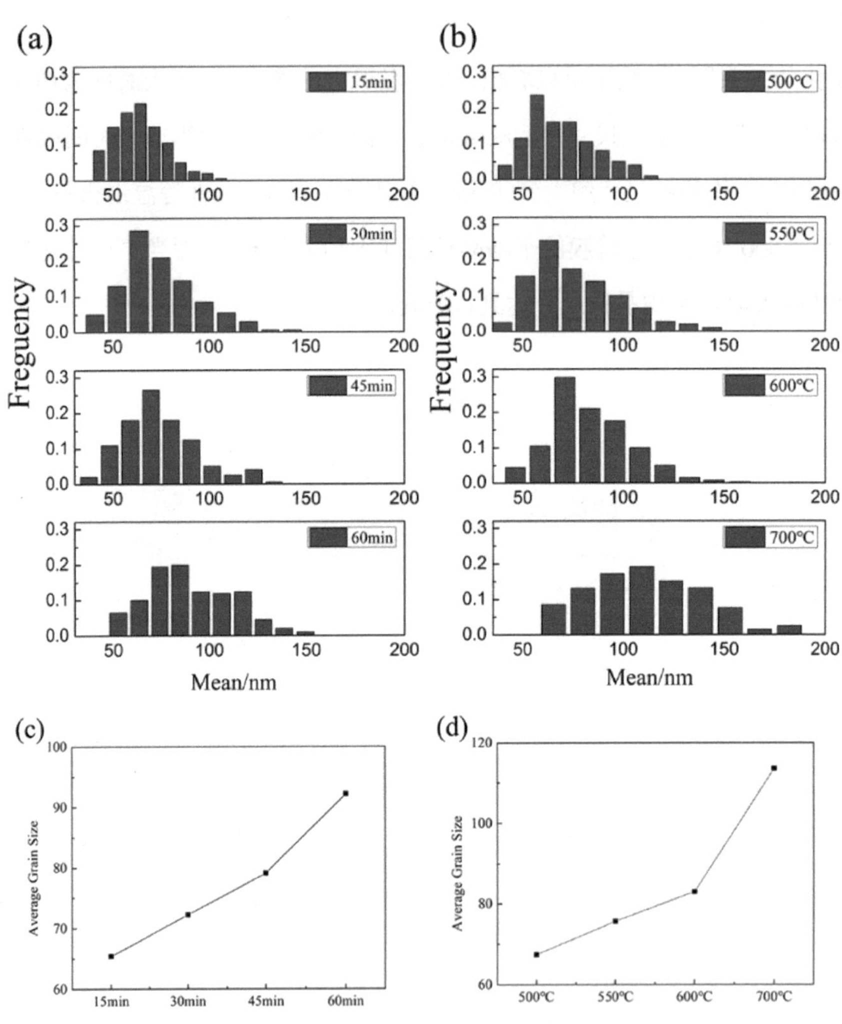

图2-9 FePt薄膜晶粒尺寸分布及平均晶粒尺寸变化

2.2.2 FePt 薄膜的晶粒长大机制

根据EBSD实验得到的等温和非等温退火后薄膜内的平均晶粒尺寸，用唯象晶粒长大相场模型来计算FePt薄膜的晶粒长大激活能，该模型可以用来描述晶粒尺寸与退火温度和时间的关系：

$$G^n - G_0^n = K_0 t \exp\left(-\frac{Q}{RT}\right) \tag{2-1}$$

式中，G是退火后的平均晶粒尺寸；G_0是初始晶粒尺寸；n是晶粒长大动力学指数；K_0是常数，与晶界迁移速率有关；t是退火时间；Q是晶粒长大激活能；$R = 8.314$ J/mol，是气体常数；T是退火温度。其中，生长指数n与晶粒的长大机制相关，长大激活能Q决定了晶粒长大所需的能量。

在沉积态FePt薄膜中，初始晶粒尺寸G_0远小于G，式（2-1）可以简化为

$$G^n = K_0 t \exp\left(-\frac{Q}{RT}\right) \tag{2-2}$$

对上式取对数后：

$$\lg G = \frac{1}{n}\lg t + \frac{1}{n}\left[\lg K_0 0.434\left(\frac{Q}{RT}\right)\right] \tag{2-3}$$

从式（2-3）中可以看出，在等温条件下，$\lg G$和$\lg t$呈线性关系，它们的斜率就是晶粒生长动力学指数n。

根据图2-9（c）中等温条件下的平均晶粒尺寸，我们可得到$\lg G$与$\lg t$的关系图，如图2-10（a）所示。对图2-10（a）中的4个点进行拟合，从而得到生长指数$n = 2.38$。指数n的大小依赖于薄膜的微观结构和生长机制。当$n = 2$时，晶粒长大过程受晶界迁移控制；当$n = 3$时，由体扩散控制；当$n = 4$时，由原子的随机跳跃穿过晶界控制。计算结果表明，当FePt薄膜在600 ℃条件下退火时，晶粒的长大过程受到晶界迁移的控制。

式（2-3）可以改写成

$$\lg\left(\frac{G^n}{t}\right) = \lg K_0 \frac{0.434Q}{R}\left(\frac{1}{T}\right) \tag{2-4}$$

长大激活能Q反映了晶粒长大的难易程度，可以从lg (G^n/t)与退火温度的关系方程中得到。将n值代入式（2-4），得到FePt薄膜的晶粒长大激活能Q为78 kJ/mol（0.8 eV），如图2-10（b）所示。这一数值低于FePt块体材料中的晶粒长大的激活能（3.17~3.80 eV）。在纳米材料中，晶粒长大激活能低是普遍特性，例如Admon等计算得到CuCr多层膜的晶粒长大激活能为0.86 eV，Li等计算得到NiZn薄膜的晶粒长大激活能为85.54 kJ/mol，Lu等计算了沉积态Cu薄膜的晶粒长大激活能为83 kJ/mol。纳米材料的晶粒长大激活能低是因为薄膜材料具有以下特征：首先，纳米颗粒在表面会积累大量的正负电荷，并且它们的形状不规则，从而导致表面电荷积聚以及不稳定粒子的出现；其次，薄膜结构具有大的表面积和高的表面活性，并且有许多处于能量不稳定状态下的不饱和键；最后，薄膜内纳米颗粒之间的距离很小，范德瓦尔斯力会使它们相互吸引。这些特性都会使薄膜的晶粒长大激活能降低。

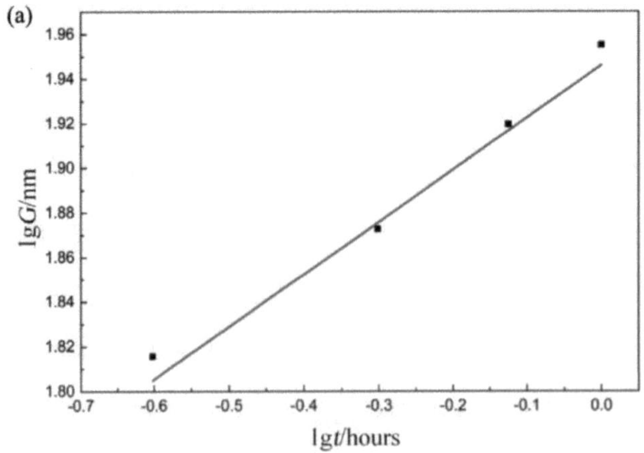

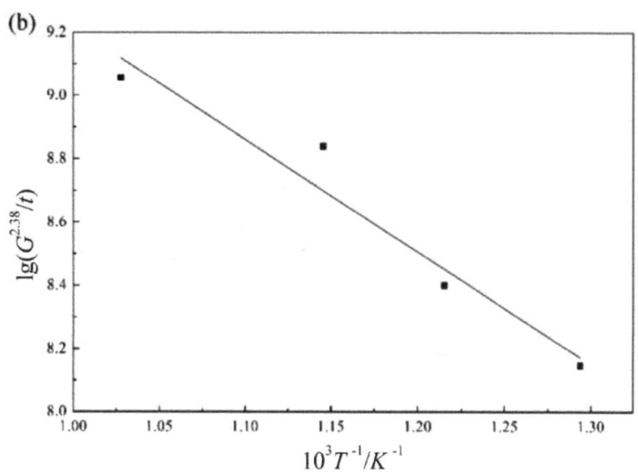

图2-10　600 °C退火态FePt薄膜的lg G与lg t的关系图及lg (G^n/t)与1/T的曲线

2.3 FePt 薄膜的有序化转变动力学研究

图2-11是当溅射气压为0.25 Pa时FePt薄膜在不同退火温度下的X射线衍射图谱。在400 °C退火条件下时，FePt薄膜为无序的面心立方结构，当退火温度升高到550 °C以上时，FePt薄膜发生了有序化转变，并生成了$L1_0$有序相。根据有序度计算公式：

$$S=\left[\frac{I_{001}}{I_{002}}\cdot\frac{F_f}{F_s}\cdot\frac{(L\times A\times D)_f}{(L\times A\times D)_s}\right]^{1/2}\cong 0.577\left(\frac{I_{001}}{I_{002}}\right)^{1/2} \tag{2-5}$$

式中，I是衍射峰强度，F是结构因子，L是洛伦兹因子，D是温度系数。计算不同退火温度下FePt薄膜内$L1_0$相的有序度，如图2-12所示，可以看出随着退火温度的升高，FePt薄膜内的有序度也随之增加，表明在退火过程中晶粒长大与有序化转变同时进行。

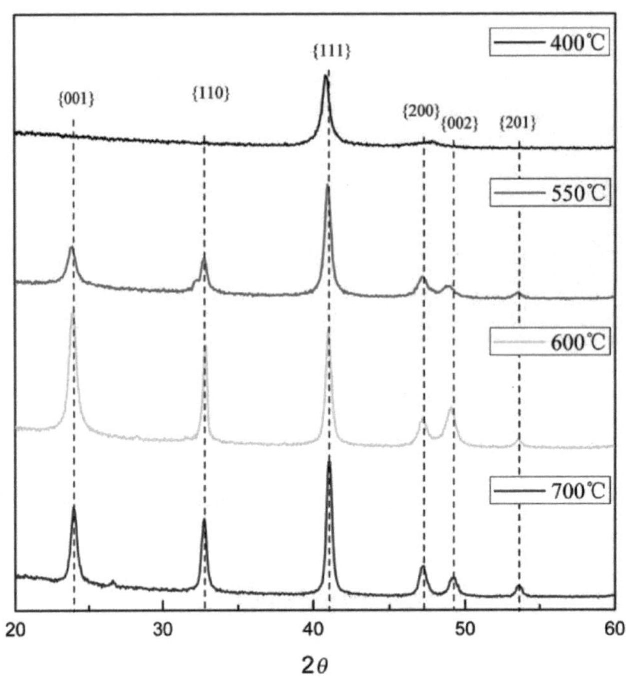

图2-11　退火态FePt薄膜的X射线衍射谱

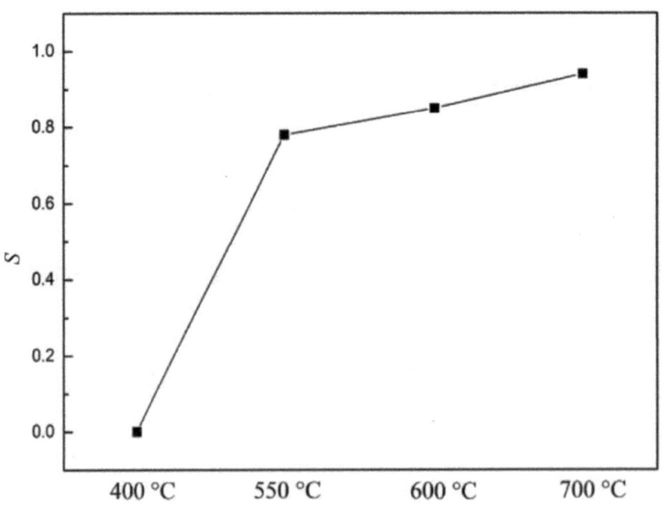

图2-12　退火态FePt薄膜的有序度变化图

Takahashi、 Li等研究了FePt薄膜的$L1_0$有序化转变过程，证实了FePt薄膜有序化转变为一级相变，存在有序畴的形核与长大的过程，并且有序化转变是通过热激活由原子扩散控制的。在退火过程中，FePt薄膜的晶粒长大和有序化转变都需要一定的激活能，而激活能大小的不同，决定了晶粒长大和有序化转变发生的先后顺序，对FePt薄膜的微观结构产生一定的影响。本节尝试利用DSC测量FePt薄膜在不同升温速率下的有序化转变温度点，并通过计算研究FePt薄膜的有序化转变动力学。

在可溶性的NaCl基底上通过磁控溅射法制备了厚度为1 μm的FePt薄膜，溶解后得到单层的FePt薄膜作为测试样品，然后利用DSC对FePt薄膜的有序化转变温度进行测量。实验采用不同的升温速率，分别为5 ℃/min、10 ℃/min、20 ℃/min和30 ℃/min。在测试过程中，采用氩气氛保护防止FePt薄膜氧化引起实验误差。图2-13是沉积态FePt薄膜在不同升温速率下的DSC数据结果，结合0.25 Pa溅射气压下制备的FePt薄膜在不同温度退火后的X射线衍射图谱，可以判断出图中的放热峰是由于薄膜的相应温度发生了有序化转变。随着升温速率的提高，对应的有序化转变温度分别为527 ℃、550 ℃、560 ℃和575 ℃。根据测量结果，可以利用Kissinger方程来计算非等温退火条件下的有序化转变激活能：

$$\ln\left(\frac{\alpha}{T_p^2}\right)=C-\frac{E}{RT_p} \tag{2-6}$$

式中，α是加热速率，T_p是转变温度，C是常数，E是激活能，R是气体常数。如图2-14所示，根据$\ln(\alpha/T_p^2)$与1 000/T的斜率可以得到FePt薄膜有序化转变的激活能E为169 kJ/mol（1.75 eV）。在沉积态的FePt薄膜中，有序化转变是利用热激活能通过形核和长大来完成的，无序相和有序相之间存在很高的能垒，因此，需要退火处理提供足够的热扰动来加速晶格中Fe原子和Pt

原子的交换，从而促进薄膜中有序畴的长大。

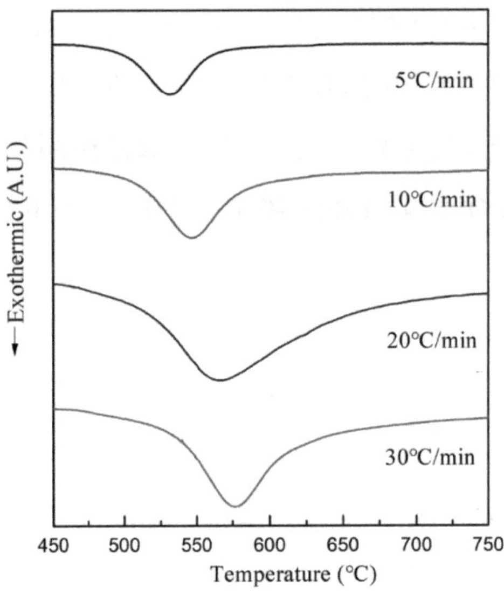

图2-13　不同升温速率下FePt薄膜的DSC曲线

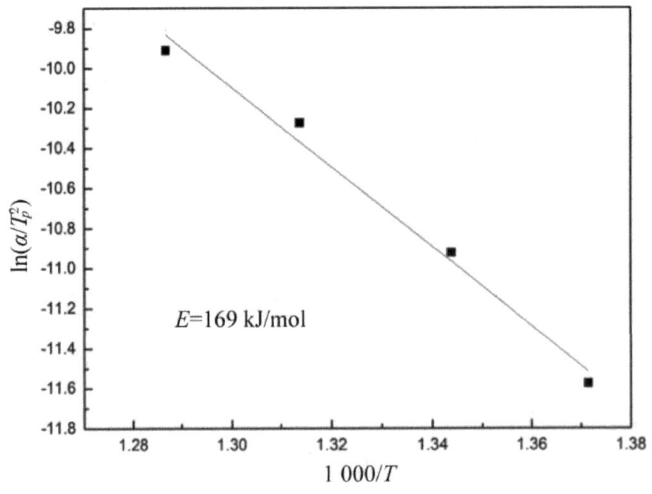

图2-14　FePt薄膜 $\ln(\alpha/T_p^2)$ 与1 000/T的斜率

从研究结果可知，FePt薄膜在退火的过程中会发生晶粒长大和有序化转变。其中，晶粒长大需要的激活能Q为78 kJ/mol，有序化转变所需要的激活能E为169 kJ/mol。晶粒长大激活能小于有序化转变激活能，说明薄膜中晶粒长大要比有序化转变更容易进行，因此在加热的过程中，FePt薄膜内会先发生晶粒长大，然后才会发生有序化转变。

一般情况下，薄膜样品的真空退火过程是在室温下，将样品放入真空炉后进行抽真空，当达到一定真空度时，开始对样品进行加热，从室温升高到指定温度。在升温过程中，由于FePt薄膜的晶粒长大激活能小，当炉内温度升高到了一定温度，在满足了晶粒长大激活能但又不满足有序化转变激活能的情况下，此时只能发生晶粒长大而不会发生有序化转变。随着炉内温度升高到可以发生有序化转变时，薄膜内的晶粒已经长大，然后随炉冷却到室温的过程中，晶粒还会继续长大。采用这种正常退火的方式，在升温和降温的过程中，加热速率和冷却速率过慢，会不可避免地造成薄膜内晶粒尺寸的增大。因此，采用快速升温退火的方式，以极高的升温速率达到有序化转变温度，或者将样品在达到有序化转变温度时放入炉内进行加热，并加热一定时间后从退火炉中取出进行快速冷却，在退火的过程中去除升温过程和冷却过程，让有序化转变和晶粒长大同时发生，这样可以有效缩短晶粒长大的时间，从而减小有序化转变后$L1_0$-FePt薄膜的晶粒尺寸。

2.4 本章小结

在不同的溅射气压条件制备FePt薄膜样品，并对沉积态样品进行550 ℃和600 ℃退火处理，实验表明，随着溅射气压的增加，在沉积态FePt薄膜内，岛状颗粒的尺寸逐渐增加，团簇的程度越来越严重，表面粗糙度增大，结晶性变差，内部的缺陷越来越多。这样的微观结构变化使在高溅射气压下制备的FePt薄膜不容易发生晶粒长大与有序化转变。

对不同退火态的FePt薄膜的晶粒尺寸进行了定量的表征，并计算了FePt薄膜的晶粒长大激活能与有序化转变激活能。结果表明，FePt薄膜的晶粒长大激活能Q为78 kJ/mol（0.8 eV），有序化转变激活能E为169 kJ/mol（1.75 eV），说明晶粒生长需要的激活能小于有序化转变激活能，因此，薄膜样品在随炉升温的退火过程中，FePt薄膜内会先发生晶粒长大，然后才开始出现有序相的形核和长大。

第 3 章　$L1_0$-FePt 薄膜中织构的形成机理

对于$L1_0$-FePt薄膜来说，[001]方向是最易磁化的方向，如果要实现材料的垂直磁各向异性，晶粒中的[001]轴必须垂直于薄膜的表面，也就是说，$L1_0$-FePt薄膜必须具有强的{001}纤维织构，才能满足实际应用的需求。因此，如何得到具有强{001}纤维织构的$L1_0$-FePt薄膜是其能否应用于垂直磁记录器件的关键，引起了人们的极大关注。为了使$L1_0$-FePt薄膜内形成强的{001}纤维织构，研究人员尝试了很多方法：采用单晶基底或者加入种子层，交替沉积Fe和Pt制备Fe/Pt多层膜，磁场退火和快速退火等。目前的大部分研究工作主要集中于如何增强$L1_0$-FePt薄膜内的{001}纤维织构，但是对于$L1_0$-FePt薄膜中织构的形成机制与演化规律还不是十分明确，缺乏深入的理论研究。

因此，本章将系统地研究和讨论生长在非晶基底上的$L1_0$-FePt薄膜中纤维织构的形成机理和演化机制，计算$L1_0$-FePt薄膜的各向异性应变能，讨论外界应力变化对$L1_0$-FePt薄膜纤维织构的影响。同时，利用XRD、EBSD技术和TEM分析FePt薄膜在有序化退火过程中的纤维织构演化规律以及微观结构变化，以期为制备强{001}纤维织构的$L1_0$-FePt薄膜提供有效的参考。

3.1 $L1_0$-FePt 薄膜织构的形成过程

当FePt薄膜在非晶态SiO_2/Si基底上生长时，薄膜不会沿着基底的某个固定晶面外延生长而是形成纤维织构，只有当薄膜内的大部分晶粒朝着某个应变能或表面能最低的面择优长大时，薄膜内才会出现纤维织构。在这种情况下，讨论薄膜中纤维织构的形成机理时，应变能与表面能各向异性是诱导薄膜中晶粒择优生长并形成纤维织构的最主要因素。其中，表面能与薄膜的键能有关，不会受到外界环境的影响。但是，应变能与薄膜所受到的应力应变有关，与外界环境关系密切，主要来自以下几个方面：沉积态薄膜的残余应变，薄膜和基底的热膨胀系数差引起的热应变，由缺陷消失、晶粒长大造成薄膜体积收缩引起的应变。对于FePt薄膜而言，除了以上形式的应变外，还存在由无序到有序转变所产生的相变应变。沉积态时，FePt薄膜为无序的面心立方结构，退火后发生了有序化转变，形成具有四方结构的$L1_0$有序相。在有序化转变的过程中，FePt薄膜的晶体结构发生了改变，从而晶格常数也发生了变化（c轴收缩和a轴的扩张），造成大约3%的体积收缩，产生了相变应变。当发生有序化转变时，在面心立方结构的FePt晶格中，[100]、[010]、[001] 3个晶向都可以作为相变后$L1_0$结构中的c轴（如图3-1所示），也就是说，FePt薄膜相变后存在3种变体选择，因此，有序化转变产生的相变应变存在各向异性。当FePt薄膜内的晶粒受到的应变存在各向异性时，与薄膜表面垂直的某个晶体方向将会成为薄膜的择优生长取向，从而对纤维织构的形成造成影响。

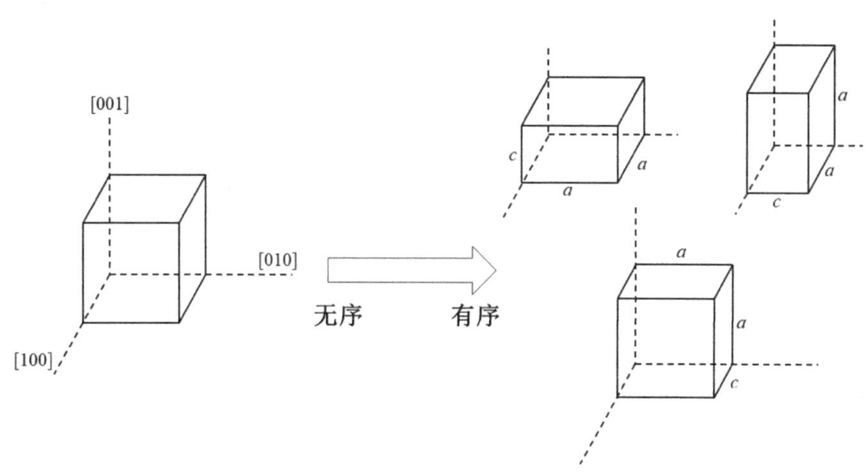

图3-1　有序化转变过程中变体选择示意图

在$L1_0$-FePt薄膜形成的过程中，外界应力变化和有序化转变过程中的晶格常数变化，对薄膜内的应变能大小产生很大的影响，决定了薄膜中纤维织构的类型。在讨论$L1_0$-FePt薄膜的应变能各向异性时，需要将薄膜中的应变和相变应变结合起来进行分析，对于研究$L1_0$-FePt薄膜的纤维织构演变是十分重要的，其示意图如图3-2所示。假设$L1_0$-FePt薄膜的弹性模量为各向同性，当有序化转变前的FePt薄膜受到拉应力而处于拉伸应变状态时，面内为拉伸应变，垂直表面方向为压缩应变。在发生有序化转变的过程中，垂直于薄膜表面的方向，即[001]方向可以抵消由相变产生的c轴方向的收缩，有利于使[001]方向成为相变后$L1_0$有序结构的c轴，并在有序相的形核和长大的过程中形成{001}纤维织构。相反地，如果FePt薄膜受到压应力而处于平面压缩应变状态，在发生有序化转变时，[100]和[010]方向倾向于成为$L1_0$-FePt有序结构中的c轴，抵消面内压缩应变，从而有利于形成{100}或{010}纤维织构。

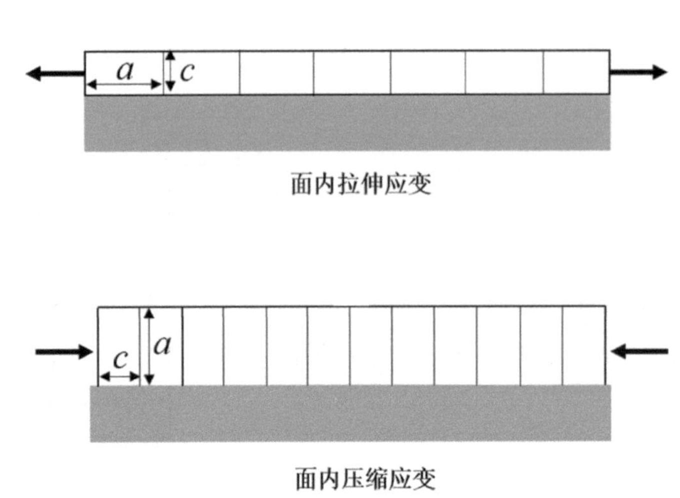

图3-2 不同应变状态对有序化转变时变体选择的影响

FePt薄膜的应变状态与有序化转变后$L1_0$-FePt薄膜中纤维织构的形成有十分密切的联系。只有通过计算$L1_0$-FePt薄膜的各向异性应变能的大小，才能判断FePt薄膜的应变状态对$L1_0$-FePt薄膜纤维织构的形成产生的影响。各向异性应变能与弹性模量有关，在实际情况下，$L1_0$-FePt薄膜的弹性常数为各向异性，不同取向的晶面具有不同的弹性模量，由应变产生的应变能在各个晶面上的大小也不同。因此，首先需要计算和讨论$L1_0$-FePt薄膜中不同晶面的弹性常数以及弹性模量，才能准确地计算出$L1_0$-FePt薄膜的应变能大小。

3.2 $L1_0$-FePt 薄膜的各向异性弹性常数

多晶薄膜中弹性模量与晶体取向密切相关，因此受到薄膜中纤维织构的影响，这是因为弹性模量取决于原子间结合力性质的不同。在晶体的不同方向上，原子间的结合力不同，使$L1_0$-FePt单晶的弹性模量呈现各向异性。在计算$L1_0$-FePt薄膜应变能的过程中，弹性常数是重要的参数，计算出薄膜表面不同方向的弹性模量和分布规律具有重要的意义，可以以此分析探讨$L1_0$-FePt薄膜的应力与织构的关系。

目前，计算多晶体宏观弹性常数的模型有Reuss模型、Voigt模型和Hill模型。Reuss模型是假设对所有不同取向晶粒的弹性柔度系数进行平均后的恒应力模型，Voigt模型是对所有不同取向晶粒的弹性刚度系数进行平均后的恒应变模型。但是无论是Voigt模型还是Reuss模型，计算得到的弹性常数都是实际数值的上下限，而真实的情况则处于两者之间。Hill模型是对以上两种模型的计算结果进行算术平均处理来表达材料的弹性常数。

取向分布函数（ODF）是用来描述织构在三维空间分布的方法，目前主要用于分析各种多晶材料的织构。各向异性材料的弹性常数与各向同性材料的结果存在较大的差异，可以用ODF法对弹性常数进行计算，给出织构系数与弹性常数的关系，定量地分析弹性常数随织构的变化情况，从而得到FePt薄膜应变与织构的关系。

图3-3定义了多晶薄膜的样品坐标系P_i和晶体坐标系K_i，以描述多晶体中的晶体取向。对于晶体坐标系而言，按照晶体的对称性选择3个互相垂直的晶向表示。晶体坐标系与样品坐标系一般不重合，晶体坐标系相对于样品坐标系的夹角用3个欧拉角（φ_1，ϕ，φ_2）来表示。

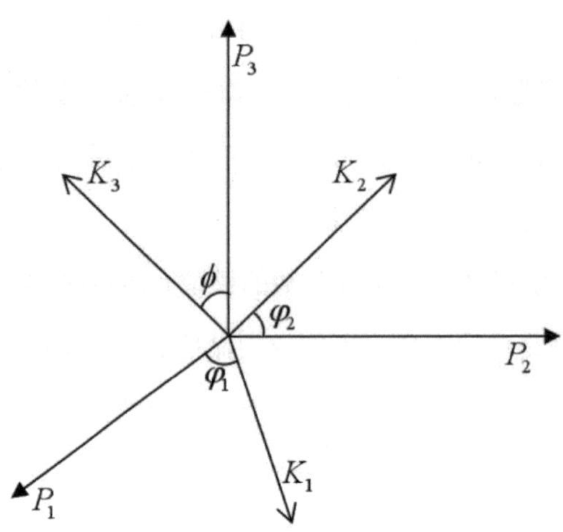

图3-3　多晶体的晶体与样品坐标系示意图

计算弹性常数时，需要通过变换矩阵将弹性常数从晶体坐标系转化到样品坐标系，转化关系为

$$\boldsymbol{C}'_{ijkl}=\boldsymbol{a}_{im}\boldsymbol{a}_{jn}\boldsymbol{a}_{ko}\boldsymbol{a}_{lp}\boldsymbol{C}_{mnop} \tag{3-1}$$

$$\boldsymbol{S}'_{ijkl}=\boldsymbol{a}_{im}\boldsymbol{a}_{jn}\boldsymbol{a}_{ko}\boldsymbol{a}_{lp}\boldsymbol{S}_{mnop} \tag{3-2}$$

式中，$\boldsymbol{C}'_{ijkl}$和$\boldsymbol{S}'_{ijkl}$分别为样品坐标系中的弹性刚度系数和弹性柔度系数；$\boldsymbol{C}_{mnop}$和$\boldsymbol{S}_{mnop}$分别是晶体坐标系中的单晶弹性刚度系数和单晶弹性柔度系数。$\boldsymbol{a}_{ij}(i,j=1,2,3)$是从样品坐标系转动到晶体坐标系时的变换矩阵。将变换矩阵用欧拉角表示，以便在统计计算时对欧拉空间进行积分：

$$\boldsymbol{\alpha}_{ij}=\begin{bmatrix}\cos\varphi_1\cos\varphi_2-\sin\varphi_1\sin\varphi_2\cos\phi & \sin\varphi_1\cos\varphi_2+\cos\varphi_1\sin\varphi_2\cos\phi & \sin\varphi_2\sin\phi\\ -\cos\varphi_1\sin\varphi_2-\sin\varphi_1\cos\varphi_2\cos\phi & -\sin\varphi_1\sin\varphi_2+\cos\varphi_1\cos\varphi_2\cos\phi & \cos\varphi_2\sin\phi\\ \sin\varphi_1\sin\phi & -\cos\varphi_1\sin\phi & \cos\phi\end{bmatrix} \tag{3-3}$$

由于$L1_0$-FePt薄膜为四方结构，其点阵常数$a=b\neq c$，因此还需要在转换矩阵$\boldsymbol{a}_{ij}$前乘以一个系数矩阵$\boldsymbol{T}$：

$$\boldsymbol{T}=\begin{bmatrix}1 & 0 & 0\\ 0 & 1 & 0\\ 0 & 0 & c/a\end{bmatrix} \tag{3-4}$$

1. Reuss 模型

根据Reuss模型，多晶体材料宏观平均弹性柔度系数$\boldsymbol{S}'_{ijkl}$应该是所有晶粒的单晶弹性柔度系数$\boldsymbol{S}_{mnop}$按其空间取向分布的概率加权平均。宏观弹性常数可以通过计算所有晶粒在其测试方向上的弹性常数平均值而得到：

$$\overset{-R}{\boldsymbol{S}}_{ijkl}=\frac{1}{8\pi^2}\int_{\Omega}^{2\pi}\boldsymbol{S}'_{ijkl}\cdot f(g)\mathrm{d}g=\frac{1}{8\pi^2}\int_0^{2\pi}\int_0^{\pi}\int_0^{2\pi}\boldsymbol{a}_{im}\boldsymbol{a}_{jn}\boldsymbol{a}_{ko}\boldsymbol{a}_{lp}\boldsymbol{S}_{mnop}f(g)\sin\phi\mathrm{d}\phi\mathrm{d}\varphi_1\mathrm{d}\varphi_2 \tag{3-5}$$

式中，$f(g)$是归一化后的取向分布函数，Ω是晶粒的取向空间。对柔度矩阵求逆矩阵，即可得到Reuss模型下的刚度系数：

$$\overset{-R}{\boldsymbol{C}}_{ijkl}=\left[\overset{-R}{\boldsymbol{S}}_{ijkl}\right]^{-1} \tag{3-6}$$

当材料具有理想的纤维织构时，上式可以简化为

$$\left(\overset{-R}{\boldsymbol{S}}_{ijkl}\right)^{hkl}=\frac{1}{2\pi}\int_0^{2\pi}\boldsymbol{S}'_{ijkl}\cdot f(g)\mathrm{d}\phi_1 \tag{3-7}$$

2. Voigt 模型

与Reuss模型类似，通过对多晶体材料中所有晶粒在晶体坐标系中的单晶弹性刚度系数在空间取向分布的概率加权平均，得到宏观平均弹性刚度系数。当不考虑临近晶粒取向相关性的影响、晶粒形状及晶粒间的交互作用时，弹性常数可表示为

$$\overset{-V}{\boldsymbol{C}}_{ijkl}=\frac{1}{8\pi^2}\int_{\Omega}^{2\pi}\boldsymbol{C}'_{ijkl}\cdot f(g)\mathrm{d}g=\frac{1}{8\pi^2}\int_0^{2\pi}\int_0^{\pi}\int_0^{2\pi}\boldsymbol{a}_{im}\boldsymbol{a}_{jn}\boldsymbol{a}_{ko}\boldsymbol{a}_{lp}\boldsymbol{C}_{mnop}f(g)\sin\phi\mathrm{d}\phi\mathrm{d}\varphi_1\mathrm{d}\varphi_2 \tag{3-8}$$

当材料具有理想的纤维织构时，三个欧拉角φ_1、ϕ、φ_2中的某一个或两个被固定，上式可以简化为

$$\left(\overset{-V}{\boldsymbol{C}}_{ijkl}\right)^{hkl}=\frac{1}{2\pi}\int_0^{2\pi}\boldsymbol{C}'_{ijkl}\cdot f(g)\mathrm{d}\phi_1 \tag{3-9}$$

此时，分别将转换矩阵$\boldsymbol{a}_{ij}$代入式（3-7）和（3-9）中，即可得到相应坐标系下具有理想纤维织构时材料的弹性柔度系数和弹性刚度系数。

3. Hill 模型

根据Reuss和Voigt模型的结果，计算材料宏观柔度系数和刚度系数的算术平均值，即为Hill近似值：

$$\overline{\boldsymbol{S}}_{ijkl}^{H}=\frac{1}{2}\left\{\overline{\boldsymbol{S}}_{ijkl}^{R}+\left[\overline{\boldsymbol{C}}_{ijkl}^{V}\right]^{-1}\right\};\ \overline{\boldsymbol{C}}_{ijkl}^{H}=\frac{1}{2}\left\{\overline{\boldsymbol{C}}_{ijkl}^{R}+\left[\overline{\boldsymbol{S}}_{ijkl}^{V}\right]^{-1}\right\} \tag{3-10}$$

根据胡克定律的表达式：

$$\boldsymbol{\sigma}_{ij}=\boldsymbol{C}_{ijkl}\boldsymbol{\varepsilon}_{kl},\quad \boldsymbol{\varepsilon}_{ij}=\boldsymbol{S}_{ijkl}\boldsymbol{\sigma}_{kl} \tag{3-11}$$

式中：$\boldsymbol{C}_{ijkl}$为弹性刚度系数，它表达了在受力条件下材料内部产生的应力σ与应变ε两个二阶张量之间的关系；$\boldsymbol{S}_{ijkl}$为弹性柔度系数。这两个矩阵矢量互为可逆，即$\boldsymbol{S}_{ijkl}=\left[\boldsymbol{C}_{ijkl}\right]^{-1}$。

将系数的下标简化后，胡克定律可写成：$\boldsymbol{\sigma}_q=\boldsymbol{C}_{qr}\boldsymbol{\varepsilon}_r$；$\boldsymbol{\varepsilon}_q=\boldsymbol{S}_{qr}\boldsymbol{\sigma}_r$ (q, r=1, 2, …, 6)。刚度分量可以直接对应，柔度分量可分为以下4组：

$$\boldsymbol{S}_{qr}=\boldsymbol{S}_{ijkl}(q,r=1,2,3)$$

$$\boldsymbol{S}_{qr}=2\boldsymbol{S}_{ijkl}(q=1,2,3;r=4,5,6)$$

$$\boldsymbol{S}_{qr}=2\boldsymbol{S}_{ijkl}(q=4,5,6;r=1,2,3)$$

$$S_{qr}=4S_{ijkl}(q,r=4,5,6) \tag{3-12}$$

S_{qr}和C_{qr}均为对称矩阵，互相可逆。

假定单晶体的弹性刚度系数为C_{qr}，则可以通过张量转换得到任意取向$(\varphi_1,\phi,\varphi_2)$对应的$C'_{qr}$，将刚度系数的双下标矩阵分量还原成4个下标张量分量，然后再代入张量的坐标转换关系式：

$$C'_{qr}=C'_{ijkl}=a_{im}a_{jn}a_{ko}a_{lp}C_{mnop} \tag{3-13}$$

$$S'_{qr}=S'_{ijkl}=a_{im}a_{jn}a_{ko}a_{lp}S_{mnop} \tag{3-14}$$

由于$L1_0$-FePt薄膜是四方结构，其弹性常数存在6个独立的变量C_{11}、C_{12}、C_{13}、C_{33}、C_{44}和C_{66}，所以通过推导得到以下公式：

$$\begin{aligned}C'_{11}=C'_{111}&=a_{1m}a_{1n}a_{1o}a_{1p}C_{nmop}\\&=(a_{11}^4+a_{12}^4)C_{11}+2a_{11}^2a_{12}^2C_{12}+(2a_{11}^4a_{13}^4+a_{12}^4a_{13}^4)C_{13}+a_{13}^4C_{33}+\\&\quad(a_{12}^4a_{13}^4+a_{11}^4a_{13}^4)C_{44}+a_{11}^2a_{12}^2C_{66}\end{aligned}$$

$$\begin{aligned}C'_{12}=C'_{1112}&=a_{1m}a_{1n}a_{2o}a_{2p}C_{nmop}\\&=(a_{11}^2a_{12}^2+a_{12}^2a_{22}^2)C_{11}+(a_{11}^2a_{22}^2+a_{12}^2a_{21}^2)C_{12}+(a_{11}^2a_{23}^2+a_{12}^2a_{23}^2+\\&\quad a_{13}^2a_{21}^2+a_{13}^2a_{22}^2)C_{13}+a_{13}^2a_{23}^2C_{33}+(a_{12}a_{13}a_{22}a_{23}+a_{11}a_{13}a_{21}a_{23})C_{44}+\\&\quad a_{11}a_{12}a_{21}a_{22}C_{66}\end{aligned}$$

$$\begin{aligned}C'_{13}=C'_{1133}&=a_{1m}a_{1n}a_{3o}a_{3p}C_{nmop}\\&=(a_{11}^2a_{31}^2+a_{12}^2a_{32}^2)C_{11}+(a_{11}^2a_{32}^2+a_{12}^2a_{31}^2)C_{12}+(a_{11}^2a_{33}^2+a_{12}^2a_{33}^2+\\&\quad a_{13}^2a_{31}^2+a_{13}^2a_{32}^2)C_{13}+a_{13}^2a_{33}^2C_{33}+(a_{12}a_{13}a_{32}a_{33}+a_{11}a_{13}a_{31}a_{33})C_{44}+\\&\quad a_{11}a_{12}a_{31}a_{32}C_{66}\end{aligned}$$

$$\begin{aligned}C'_{33}=C'_{3333}&=a_{3m}a_{3n}a_{3o}a_{3p}C_{nmop}\\&=(a_{31}^4+a_{32}^4)C_{11}+2a_{31}^2a_{32}^2C_{12}+(2a_{31}^4a_{33}^4+a_{32}^4a_{33}^4)C_{13}+a_{33}^4C_{33}+\\&\quad(a_{32}^4a_{33}^4+a_{31}^4a_{33}^4)C_{44}+a_{31}^2a_{32}^2C_{66}\end{aligned}$$

$$
\begin{aligned}
\boldsymbol{C}'_{44} &= \boldsymbol{C}'_{2323} = \boldsymbol{a}_{2m}\boldsymbol{a}_{3n}\boldsymbol{a}_{2o}\boldsymbol{a}_{3p}\boldsymbol{C}_{nmop} \\
&= (\boldsymbol{a}_{21}^2\boldsymbol{a}_{31}^2 + \boldsymbol{a}_{22}^2\boldsymbol{a}_{32}^2)\boldsymbol{C}_{11} + (\boldsymbol{a}_{21}\boldsymbol{a}_{31}\boldsymbol{a}_{22}\boldsymbol{a}_{32} + \boldsymbol{a}_{22}\boldsymbol{a}_{33}\boldsymbol{a}_{21}\boldsymbol{a}_{31})\boldsymbol{C}_{12} + \\
&\quad (\boldsymbol{a}_{21}\boldsymbol{a}_{31}\boldsymbol{a}_{23}\boldsymbol{a}_{33} + \boldsymbol{a}_{22}\boldsymbol{a}_{32}\boldsymbol{a}_{23}\boldsymbol{a}_{33} + \boldsymbol{a}_{23}\boldsymbol{a}_{33}\boldsymbol{a}_{21}\boldsymbol{a}_{31} + \boldsymbol{a}_{23}\boldsymbol{a}_{33}\boldsymbol{a}_{22}\boldsymbol{a}_{32})\boldsymbol{C}_{13} + \\
&\quad \boldsymbol{a}_{23}^2\boldsymbol{a}_{33}^2\boldsymbol{C}_{33} + (\boldsymbol{a}_{22}^2\boldsymbol{a}_{33}^2 + \boldsymbol{a}_{21}^2\boldsymbol{a}_{33}^2)\boldsymbol{C}_{44} + \boldsymbol{a}_{21}^2\boldsymbol{a}_{32}^2\boldsymbol{C}_{66}
\end{aligned}
$$

$$
\begin{aligned}
\boldsymbol{C}'_{66} &= \boldsymbol{C}'_{1212} = \boldsymbol{a}_{1m}\boldsymbol{a}_{2n}\boldsymbol{a}_{1o}\boldsymbol{a}_{2p}\boldsymbol{C}_{nmop} \\
&= (\boldsymbol{a}_{11}^2\boldsymbol{a}_{21}^2 + \boldsymbol{a}_{12}^2\boldsymbol{a}_{22}^2)\boldsymbol{C}_{11} + (\boldsymbol{a}_{11}\boldsymbol{a}_{21}\boldsymbol{a}_{12}\boldsymbol{a}_{22} + \boldsymbol{a}_{12}\boldsymbol{a}_{22}\boldsymbol{a}_{11}\boldsymbol{a}_{21})\boldsymbol{C}_{12} + \\
&\quad (\boldsymbol{a}_{11}\boldsymbol{a}_{21}\boldsymbol{a}_{13}\boldsymbol{a}_{23} + \boldsymbol{a}_{12}\boldsymbol{a}_{22}\boldsymbol{a}_{13}\boldsymbol{a}_{23} + \boldsymbol{a}_{13}\boldsymbol{a}_{23}\boldsymbol{a}_{12}\boldsymbol{a}_{22} + \boldsymbol{a}_{13}\boldsymbol{a}_{23}\boldsymbol{a}_{11}\boldsymbol{a}_{21})\boldsymbol{C}_{13+} \\
&\quad \boldsymbol{a}_{13}^2\boldsymbol{a}_{23}^2\boldsymbol{C}_{33} + (\boldsymbol{a}_{11}^2\boldsymbol{a}_{23}^2 + \boldsymbol{a}_{12}^2\boldsymbol{a}_{23}^2)\boldsymbol{C}_{44} + \boldsymbol{a}_{11}^2\boldsymbol{a}_{12}^2\boldsymbol{C}_{66}
\end{aligned}
$$

分别将$\boldsymbol{C}_{11}$、$\boldsymbol{C}_{12}$、$\boldsymbol{C}_{13}$、$\boldsymbol{C}_{33}$、$\boldsymbol{C}_{44}$和$\boldsymbol{C}_{66}$代入式（3-8）中，即可求得$L1_0$-FePt薄膜的弹性刚度系数。

Reuss恒应力模型是将弹性柔度系数$\boldsymbol{S}_{mnop}$取代上式的刚度系数$\boldsymbol{C}_{mnop}$，即可计算出多晶体材料平均柔度系数$\overset{-R}{\boldsymbol{S}}_{ijkl}$，同样对其求逆可得到弹性刚度系数$\overset{-R}{\boldsymbol{C}}_{ijkl}$。

表3-1是单晶$L1_0$-FePt材料的弹性常数，根据表3-1中数据，可以计算出Reuss模型、Voigt模型和Hill模型下的各向同性$L1_0$-FePt的弹性常数，如表3-2所示。

表3-1　单晶$L1_0$-FePt材料的弹性常数（C_{ij}/GPa，$S_{ij}\times10^{-3}$/ GPa）

材料	C_{11}	C_{12}	C_{13}	C_{33}	C_{44}	C_{66}
$L1_0$-FePt	261	169	151	299	103	133
	S_{11}	S_{12}	S_{13}	S_{33}	S_{44}	S_{66}
	0.007 237	−0.003 63	−0.001 82	0.005 183	0.009 709	0.007 519

表3-2 各向同性$L1_0$-FePt材料的弹性常数（C_{ij}/GPa）

弹性常数	C_{11}	C_{12}	C_{13}	C_{33}	C_{44}	C_{66}
Voigt	249	169	161	226	65	68
Reuss	247	165	156	219	67	66
Hill	248.4	167	158.5	222.5	66	67

当$L1_0$-FePt薄膜中存在纤维织构时，可以用确定晶面的密勒指数（hkl）来表示三个欧拉角（φ_1，ϕ，φ_2）：

$$\varphi_1 = \arcsin\left[\frac{w}{\sqrt{u^2+v^2+w^2}}\cdot\sqrt{\frac{h^2+k^2+l^2}{h^2+k^2}}\right]$$

$$\phi = \arccos\frac{l}{\sqrt{h^2+k^2+l^2}}$$

$$\varphi_2 = \arccos\frac{k}{\sqrt{h^2+k^2}}$$

假设$L1_0$-FePt薄膜具有以下几种理想状态的纤维织构，将其密勒指数代入公式（3-7）、（3-9）、（3-10），可以求得以下结果，如表3-3所示。

表3-3 具有（hkl）纤维织构时$L1_0$-FePt材料的弹性常数（C_{ij}/GPa）

织构类型	模型	C_{11}	C_{12}	C_{13}	C_{33}	C_{44}	C_{66}
{001}	Voigt	254.6	175.4	152.8	297	89.1	72.9
	Reuss	252	174.8	150.6	305	86.5	69.8
	Hill	253.3	175.1	151.7	298	87.8	71.5
{110}	Voigt	255.8	194.3	136.2	318.5	92.5	69.3
	Reuss	254.3	186.3	132.2	314.1	90.4	65.2
	Hill	255.5	190.6	134.2	316.3	91.5	67.3

（续表）

织构类型	模型	C_{11}	C_{12}	C_{13}	C_{33}	C_{44}	C_{66}
	Voigt	263.6	208.3	111.1	374.5	76.8	66.5
{111}	Reuss	261.4	203.5	107.4	370.1	74.8	63.8
	Hill	262.5	205.9	109.5	372.3	75.8	65.3
	Voigt	260.6	170.4	160	261	74.2	70.9
{100}	Reuss	257.7	167.3	158.6	257.5	72.6	67.4
	Hill	259.15	168.6	159.3	259.3	73.3	69.2
	Voigt	257.1	199.3	126.9	342.9	75.1	67
{011}	Reuss	255.4	195.6	123.2	339.7	73.3	63.4
	Hill	256.3	197.5	124.6	341.3	74.2	65.2

从表3-3中可以看出，不同取向晶面上的弹性常数存在很大的差异，说明弹性常数存在各向异性。因此，当$L1_0$-FePt薄膜存在不同的纤维织构时，将会具有不同的弹性模量。如果$L1_0$-FePt薄膜中晶粒的取向随机分布，不存在织构时，将表现出各向同性，它在绕任意轴旋转前后的弹性常数相等，那么对于各向同性的$L1_0$-FePt薄膜来说，用两个独立的弹性常数就可以确定其刚度系数矩阵，如下所示[126]：

$$\boldsymbol{C} \equiv \begin{bmatrix} \lambda+2\mu & \lambda & \lambda & 0 & 0 & 0 \\ \lambda & \lambda+2\mu & \lambda & 0 & 0 & 0 \\ \lambda & \lambda & \lambda+2\mu & 0 & 0 & 0 \\ 0 & 0 & 0 & \mu & 0 & 0 \\ 0 & 0 & 0 & 0 & \mu & 0 \\ 0 & 0 & 0 & 0 & 0 & \mu \end{bmatrix}$$

式中，μ和λ为拉梅常数，表示为

$$\mu = \frac{4a - 2b + 3c}{33}, \quad \lambda = \frac{2a + c - 15\mu}{6} \tag{3-15}$$

式中，$\boldsymbol{a} = \boldsymbol{C}_{11} + \boldsymbol{C}_{22} + \boldsymbol{C}_{33}$，$\boldsymbol{b} = \boldsymbol{C}_{12} + \boldsymbol{C}_{13} + \boldsymbol{C}_{21} + \boldsymbol{C}_{23} + \boldsymbol{C}_{31} + \boldsymbol{C}_{32}$，$c = \boldsymbol{C}_{44} + \boldsymbol{C}_{55} + \boldsymbol{C}_{66}$。

剪切模量$\boldsymbol{G}$、杨氏模量$\boldsymbol{E}$和泊松比$\boldsymbol{\nu}$可以用拉梅常数来表示：

$$\boldsymbol{G} = \mu, \quad \boldsymbol{E} = 2\mu(1 + \nu), \quad \nu = \frac{\lambda}{2(\lambda + \mu)} \tag{3-16}$$

根据公式（3-15）和（3-16）可以得出各向同性L1$_0$-FePt薄膜的剪切模量$\boldsymbol{G}$、杨氏模量$\boldsymbol{E}$和泊松比$\boldsymbol{\nu}$分别为：$\boldsymbol{G} = 84.6\ \mathrm{GPa}$，$\boldsymbol{E} = 232.1\ \mathrm{GPa}$，$\nu = 0.38$。

当L1$_0$-FePt薄膜形成了纤维织构时，弹性矩阵将变为以下形式：

$$\boldsymbol{C} \equiv \begin{bmatrix} \boldsymbol{K}+\boldsymbol{M} & \boldsymbol{K}-\boldsymbol{M} & \boldsymbol{L} & 0 & 0 & 0 \\ \boldsymbol{K}-\boldsymbol{M} & \boldsymbol{K}+\boldsymbol{M} & \boldsymbol{L} & 0 & 0 & 0 \\ \boldsymbol{L} & \boldsymbol{L} & \boldsymbol{N} & 0 & 0 & 0 \\ 0 & 0 & 0 & \boldsymbol{P} & 0 & 0 \\ 0 & 0 & 0 & 0 & \boldsymbol{P} & 0 \end{bmatrix}$$

式中，$\boldsymbol{K}$、$\boldsymbol{L}$、$\boldsymbol{M}$、$\boldsymbol{N}$和$\boldsymbol{P}$用弹性刚度系数可以表示为

$$\boldsymbol{K} = \frac{\boldsymbol{C}_{11} + \boldsymbol{C}_{12} + \boldsymbol{C}_{21} + \boldsymbol{C}_{22}}{4}$$

$$\boldsymbol{L} = \frac{\boldsymbol{C}_{13} + \boldsymbol{C}_{23} + \boldsymbol{C}_{31} + \boldsymbol{C}_{32}}{4}$$

$$\boldsymbol{M} = \frac{\boldsymbol{C}_{11} - \boldsymbol{C}_{12} - \boldsymbol{C}_{21} + \boldsymbol{C}_{22} + \boldsymbol{C}_{66}}{4}$$

$$\boldsymbol{N} = \boldsymbol{C}_{33}$$

$$\boldsymbol{P} = \frac{\boldsymbol{C}_{44} + \boldsymbol{C}_{55}}{2}$$

剪切模量$\boldsymbol{G}$、杨氏模量$\boldsymbol{E}$和泊松比$\boldsymbol{\nu}$可以表示为

$$\boldsymbol{G}=\boldsymbol{P},\ \boldsymbol{E}=\boldsymbol{N}-\boldsymbol{L}^2/\boldsymbol{K},\ \nu=\frac{\boldsymbol{L}}{\boldsymbol{K}} \tag{3-17}$$

根据式（3-17）和计算得到的各向异性弹性常数，可以计算L1$_0$-FePt薄膜具有理想织构时的剪切模量、杨氏模量和泊松比。

在薄膜材料中，通常用双轴弹性模量来研究薄膜弹性性能与薄膜器件的可靠性。在各向同性的情况下，双轴弹性模量与杨氏模量和泊松比有关。但是，薄膜材料沉积在基底时会产生纤维织构，即晶粒沿着特定的方向生长或晶粒中某个特定的晶面平行于薄膜表面，在计算双轴弹性模量时，必须考虑其各向异性的影响。在样品坐标系下，薄膜的双轴弹性模量$\boldsymbol{M}$可以表示为

$$\boldsymbol{M}=\boldsymbol{C}_{11}+\boldsymbol{C}_{12}-\frac{2\boldsymbol{C}_{13}^2}{\boldsymbol{C}_{33}} \tag{3-18}$$

式中，$\boldsymbol{C}$系数可以通过式（3-13）进行变换，用Voigt模型可将式（3-18）改写为以下表达式：

$$\boldsymbol{M}^V=\left[\boldsymbol{C}_{11}^F\right]+\left[\boldsymbol{C}_{12}^F\right]-\frac{2\left[\boldsymbol{C}_{13}^F\right]^2}{\left[\boldsymbol{C}_{33}^F\right]} \tag{3-19}$$

其中，$\left[\boldsymbol{c}_{11}^F\right]+\left[\boldsymbol{c}_{12}^F\right]=\boldsymbol{c}_{11}+\boldsymbol{c}_{12}-\boldsymbol{c}_0^T\Gamma_{hkl}^T+2\boldsymbol{Z}(\boldsymbol{c}_1^T\boldsymbol{Z}+2\Delta\boldsymbol{c}_{12}+2\Delta\boldsymbol{c}_{66})+2\boldsymbol{c}_{16}\boldsymbol{Z}_1$

$$\left[\boldsymbol{c}_{13}^F\right]=\boldsymbol{c}_{13}+\boldsymbol{c}_0^T\Gamma_{hkl}^T+\boldsymbol{Z}\left\{\boldsymbol{c}_1^T(1-2\boldsymbol{Z})-\Delta\boldsymbol{c}_{12}\right\}-2\boldsymbol{c}_{16}\boldsymbol{Z}_1$$

$$\left[\boldsymbol{c}_{33}^F\right]=\boldsymbol{c}_{33}-2\boldsymbol{c}_0^T\Gamma_{hkl}^T-4\boldsymbol{Z}\left\{\boldsymbol{c}_1^T(1-\boldsymbol{Z})+\Delta\boldsymbol{c}_{12}+2\Delta\boldsymbol{c}_{66}\right\}+4\boldsymbol{c}_{16}\boldsymbol{Z}_1$$

$$\boldsymbol{c}_0^T=\boldsymbol{c}_{11}-\boldsymbol{c}_{12}-2\boldsymbol{c}_{66}$$

$$\boldsymbol{c}_1^T=\Delta\boldsymbol{c}_{11}-2\Delta\boldsymbol{c}_{12}-4\Delta\boldsymbol{c}_{66}$$

$$\Delta\boldsymbol{c}_{11}=\boldsymbol{c}_{33}-\boldsymbol{c}_{11}$$

$$\Delta\boldsymbol{c}_{66}=\boldsymbol{c}_{44}-\boldsymbol{c}_{66}$$

$$Z = \frac{(h^2 + k^2)}{2\left[h^2 + k^2 + (la/c)^2\right]^2}$$

$$Z_1 = \frac{hk(h^2 + k^2)}{\left[h^2 + k^2 + (la/c)^2\right]^2},$$

$$\Gamma_{hkl}^{T} = \frac{h^2k^2 + (h^2 + k^2)(la/c)^2}{\left[h^2 + k^2 + (la/c)^2\right]^2}$$

根据以上公式可以求得$L1_0$-FePt薄膜在具有理想纤维织构情况下的弹性模量，如表3-4所示。

表3-4　具有（hkl）纤维织构时$L1_0$-FePt材料的弹性性质

织构类型	剪切模量G /GPa	杨氏模量E /GPa	双轴弹性模量M /GPa	泊松比ν
{001}	89.14	241.43	277.48	0.355
{110}	92.45	253.87	333.17	0.373
{111}	76.83	216.83	406.05	0.411
{100}	74.23	201.48	234.83	0.357
{011}	75.13	210.89	362.23	0.403

从计算结果可以看出，$L1_0$-FePt薄膜在不同织构类型下的弹性性质具有明显差异，说明织构对$L1_0$-FePt薄膜的弹性模量产生了强烈影响。比较不同织构类型的杨氏模量的大小得出：$\boldsymbol{E}_{\{100\}}<\boldsymbol{E}_{\{011\}}<\boldsymbol{E}_{\{111\}}<\boldsymbol{E}_{\{001\}}<\boldsymbol{E}_{\{110\}}$，比较双轴弹性模量的大小得出：$\boldsymbol{M}_{\{100\}}<\boldsymbol{M}_{\{001\}}<\boldsymbol{M}_{\{110\}}<\boldsymbol{M}_{\{011\}}<\boldsymbol{M}_{\{111\}}$。

3.3 $L1_0$-FePt 薄膜中应力与织构的关系

薄膜在生长和退火的过程中会受到来自外界应力的影响，产生的应变会随着外界应力状态的改变而发生变化。当薄膜由于应力的改变而产生不同应变时，就会对内部的应变能造成影响，最终会导致不同类型纤维织构的形成。薄膜所受到的应变大小与纤维织构有着直接的关系，因此在研究$L1_0$-FePt薄膜纤维织构的形成机理时，讨论应变与织构的关系是阐明织构形成机制的关键。本节通过计算具有不同纤维织构的FePt薄膜在处于不同应变状态时发生有序化转变所产生的应变能大小，以分析应变状态对$L1_0$-FePt薄膜纤维织构形成的作用机理。

在计算$L1_0$-FePt薄膜的应变能前，需要知道薄膜所处的应力状态。在非晶SiO_2/Si基底上沉积FePt薄膜并进行有序化退火的过程中，外界对薄膜产生的应力变化十分复杂，无法对每一种应力变化都进行精确的定量分析，从而很难给出每种由外界应力变化而产生的应变大小。但是对于本书所研究的$L1_0$-FePt薄膜来说，薄膜的厚度远远小于基底的厚度，因此可以认为外界对薄膜造成的应力均反映在基底对薄膜的约束力上，使得薄膜在处于等效双轴应力的作用下而产生双轴面内应变。在这种情况下，FePt薄膜在生长和退火过程中所受到的应力的变化，导致其面内产生的应变是从拉伸应变到压缩应变或者从压缩应变到拉伸应变的一个变化过程。因此，计算$L1_0$-FePt薄膜应变能之前，考虑薄膜受到外界应力会产生一定的应变变化范围，在此基础上，计算具有不同纤维织构的FePt薄膜发生有序化转变时的应变能大小。

当多晶薄膜存在理想纤维织构时，薄膜中的晶粒沿着特定晶向择优生长，但是在薄膜面内，晶粒以其法向为轴可以旋转任意角度，因此薄膜中晶粒的面内取向是随机分布的。假设当受到面内等效双轴应力时，薄膜面内所有取向的晶粒均产生大小相同的应变。为了计算薄膜所受到的应变的大小，将面内所有取向的晶粒放在一个单位面积内进行统计时，就可以用一个外接圆来表示，如图3-4（a）所示，薄膜面内所有取向的晶粒产生的应变就会体现在这个外接圆面积的变化上，在任意一个方向上讨论薄膜内应变产生的变化都可以等效为这个外接圆半径的变化。

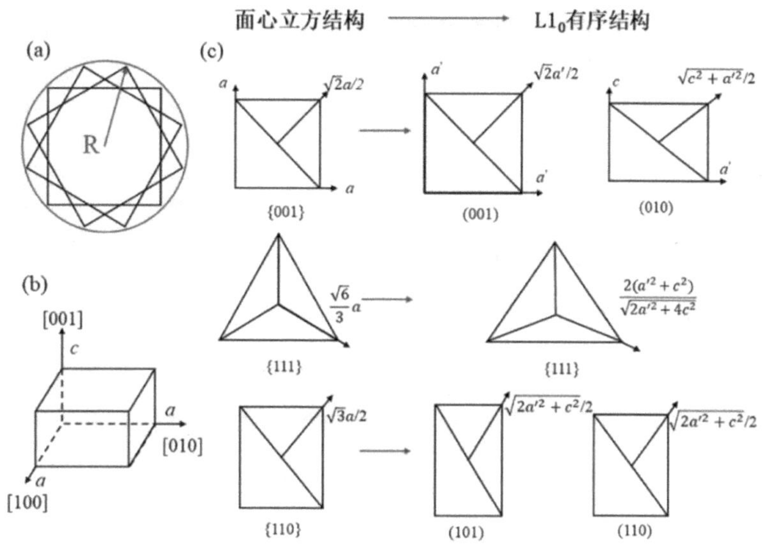

图3-4　薄膜面内应变示意图

FePt薄膜产生的面内应变是以样品坐标系作为参考系的，而有序化转变产生的相变应变是以晶体坐标系作为参考系的，指定[001]晶向为相变后的*c*轴方向，如图3-4（b）所示。当FePt薄膜发生有序化转变而产生应变时，与其受到的等效双轴面内应变一样，在薄膜具有理想纤维织构时，面内所有取向的晶粒都会产生相同的应变。将有序化转变前FePt薄膜面内所有取向的晶粒当作半径为R的外接圆，相变后$L1_0$-FePt薄膜面内所有取向的晶粒看成半径为R'的外接圆，如图3-4（c）所示，有序化转变产生的应变大小同样可以等效为外接圆半径的变化，这样就将外界应力产生的应变和有序化转变产生的应变有效地联系了起来，可以准确地对$L1_0$-FePt薄膜的应变能大小进行计算。本书主要计算$L1_0$-FePt薄膜在形成{001}、{010}、{111}、{101}和{110}理想纤维织构情况下的应变能大小。从图3-4（c）中可以看出，当发生有序化转变时，不同取向的晶面会产生不同的应变大小，导致其外接圆的半径不同，由有序化转变所产生的应变可以用转变前后单位圆半径的差来表示：

$$\varepsilon_t = \frac{R' - R}{R} \tag{3-20}$$

如果有序化转变前薄膜内存在由等效双轴应力产生的面内应变，这个应变大小用一个系数k来表示。考虑到有序化转变会对FePt薄膜内的晶粒造成3%的体积变化，因此，假设有序化转变前FePt薄膜受到的面内应变范围为-3%～+3%，在外界应力不同的情况下发生有序化转变，具有不同纤维织构的$L1_0$-FePt薄膜的弹性应变能大小可以表示为

$$\boldsymbol{W}_{hkl} = \boldsymbol{M}_{hkl}\left(\frac{R' - R(1+k)}{R(1+k)}\right)^2 \tag{3-21}$$

根据上一节计算出的$L1_0$-FePt薄膜在不同纤维织构下的双轴弹性模量，以及有序化转变产生的应变值，代入公式（3-21）中，就可以计算出在不同面内应变状态下经过有序化转变所得到的$L1_0$-FePt薄膜，在其不同纤维织构情况下的应变能大小，结果如图3-5所示。

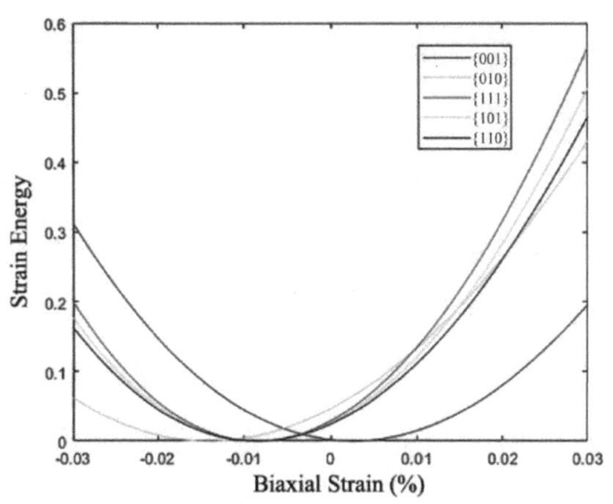

图3-5　不同面内应变状态下的$L1_0$-FePt薄膜应变能变化曲线

图中不同的曲线代表不同类型的纤维织构。从计算结果可以看出，面内应变状态会影响$L1_0$-FePt薄膜的应变能大小，并且这种影响在不同的纤维织构状态下具有显著的差异。当FePt薄膜在0～0.01%的压缩面内应变范围内发生有序化转变时，不同类型纤维织构的应变能差异不明显，如果此时薄膜内形成了纤维织构，则主要是受到表面能的作用。随着面内压缩应变从0.01%开始增加时，不同类型纤维织构之间的应变能差异开始增大，此时薄膜内的{100}晶面的应变能最低而{001}晶面的应变能最大，并随着面内压缩应变的进一步增大，{100}晶面和{001}晶面的应变能差异越来越明显。如果FePt薄膜在大的面内压缩应变状态下发生有序化转变时，应变能最小化会促进$L1_0$-FePt薄膜中{100}纤维织构的形成。当FePt薄膜在无面内应变状态下发生有序化转变时，转变后的$L1_0$-FePt薄膜中{001}晶面的应变能最小而{100}晶面的应变能最大。当FePt薄膜处于面内拉伸应变状态时，$L1_0$-FePt薄膜的{001}晶面具有最低的应变能。随着面内拉伸应变的增大，除{001}晶面以外，其他晶面的应变能显著增大，并且与{001}晶面之间的应变能差异越来越明显。同时，当面内拉伸应变增到0.01%以上时，{111}晶面成了应变能最大的面。当FePt薄膜处于面内拉伸应变状态下发生有序化转变时，会促进转变后$L1_0$-FePt薄膜中{001}纤维织构的形成。

计算结果表明，当FePt薄膜处于无应变或者面内拉伸应变时，应变能最小化作为纤维织构形成的主导驱动力，会促进$L1_0$-FePt薄膜中{001}纤维织构的形成，可见FePt薄膜内不同的面内应变状态会对有序化转变后$L1_0$-FePt薄膜中纤维织构的类型产生影响。因此，如果要制备出具有强{001}纤维织构的$L1_0$-FePt薄膜，就需要在有序化转变前使FePt薄膜处于面内拉伸应变状态，而且面内拉伸应变越大，越有利于形成{001}纤维织构。

3.4 本章小结

利用Reuss、Voigt和Hill模型计算了具有四方结构的$L1_0$-FePt薄膜在具有理想纤维织构时的各向异性弹性常数，并根据各向异性弹性常数计算了不同纤维织构下$L1_0$-FePt的双轴弹性模量。结果表明，当薄膜存在纤维织构时，织构类型对双轴弹性模量具有较大的影响。

在考虑外界应力变化的条件下，计算了具有不同纤维织构的$L1_0$-FePt薄膜发生有序化转变时的应变能大小，讨论了外界应变条件对FePt薄膜发生有序化转变时纤维织构形成的影响。当发生有序化转变前，薄膜处于无面内应力或面内拉伸应力状态时，会促进有序化转变后{001}纤维织构的形成。

第 4 章　有序化退火对 $L1_0$-FePt 薄膜织构的影响

通过计算$L1_0$-FePt薄膜在不同纤维织构下的应变能，讨论了在有序化转变过程中织构的形成机理，认为薄膜的面内应变状态是影响$L1_0$-FePt薄膜中织构形成的主要因素之一。但是在实际的有序化退火过程中，还需要对$L1_0$-FePt薄膜的纤维织构进行定量表征来明确纤维织构的演化规律，并尝试找到合适的退火工艺，从而制备出具有强{001}纤维织构的$L1_0$-FePt薄膜。本章在室温下利用磁控溅射法制备了100 nm的FePt薄膜，基底为非晶热氧化SiO_2/Si基片。溅射前，本底真空度优于3×10^{-4} Pa，溅射功率为30 W，溅射气压为0.25 Pa，薄膜成分为$Fe_{53}Pt_{47}$。沉积后的薄膜样品放入真空炉中进行退火，退火温度分别为400 °C、550 °C、600 °C和700 °C，退火时间为30 min。

4.1 实验方法

本书采用XRD对沉积态和退火态FePt薄膜样品的晶体结构与纤维织构进行定量表征。在大多数研究中，经常采用FePt薄膜衍射谱中特征衍射峰的衍射强度来表征和分析薄膜的纤维织构。事实上，织构是描述晶粒在三维空间内的取向分布情况，通过对特征衍射峰的强度进行分析只能得到一维空间的取向信息，很难定量地表征和描述薄膜内织构的强度和类型，因此需要用极图和取向分布函数（ODF）来给出织构在二维或者三维空间的分布情况，定量地表征织构的强度与类型。本书用极图和取向分布函数分析和研究$L1_0$-FePt薄膜中纤维织构的演化规律。首先，利用带有欧拉环的XRD设备对薄膜样品的极图进行测量，测量方式如图4-1所示，根据所选择的晶面，在固定2θ角的条件下，通过旋转ϕ角（0°～360°）和χ角（0°～70°），收集晶面在三维空间的衍射信息，从而得到相应的极图数据。其次，利用Bunge的级数展开法计算取向分布函数，对织构进行定量分析，利用EBSD技术和TEM观察薄膜的微观结构变化。最后，利用综合物性测量系统（PPSM）对薄膜样品进行磁性能测试。

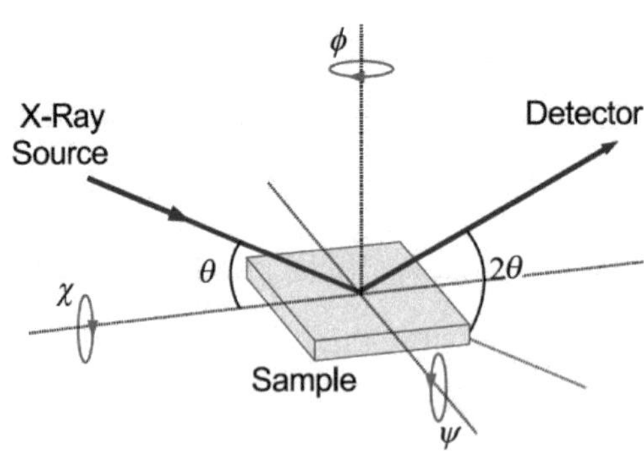

图4-1　FePt薄膜极图测量示意图

4.2 退火温度对 $L1_0$-FePt 薄膜织构的影响

图4-2是沉积态和退火态FePt薄膜的X射线衍射图谱。可以看出，在沉

积态和400 ℃退火态FePt薄膜的X射线衍射图谱中只存在{111}和{200}两个衍射峰，并没有出现超晶格衍射峰，因此它们都是无序的面心立方结构。当退火温度升高到550 ℃以上时，样品的X射线衍射图谱中出现了{001}、{110}、{002}和{201}超晶格衍射峰，说明FePt薄膜发生了有序化转变，形成$L1_0$有序相。

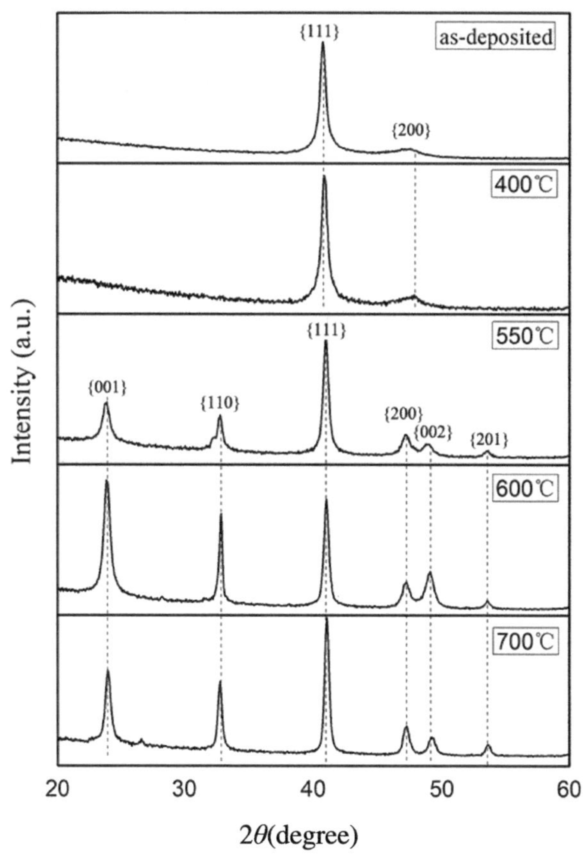

图4-2　100 nm沉积态和退火态FePt薄膜的X射线衍射图谱

根据FePt薄膜的X射线衍射结果，利用TOPAS软件对每个样品的衍射数据进行拟合，并对晶体结构进行了精修，得到沉积态和不同退火态下FePt薄膜的晶格常数，如图4-3所示。结果表明，随着退火温度的升高，晶格常数*a*没有发生明显的变化，但是晶格常数*c*在逐渐变小，也就是说，*c*轴方向在不断缩短，*c*/*a*越来越小，说明在有序化转变过程中产生的体积变化主要来自*c*轴方向的收缩。相比于无序的面心立方结构，$L1_0$有序相中的*c*轴被压缩了大约4%，从而导致FePt薄膜在有序化转变过程中会产生应变。从图4-3中可以看出，随着退火温度的逐渐增加，$L1_0$-FePt薄膜内的晶格常数发生了连续的变化，导致有序化转变时产生的应变不断增大，这种变化可能对织构产生一定的影响。因此，根据X射线衍射结果对沉积态和400 ℃退火态的面心立方结构FePt薄膜的{111}、{200}和{311}极图进行了测量，并对550 ℃、600 ℃和700 ℃的$L1_0$-FePt薄膜样品的{001}、{110}、{111}、{200}和{201}极图进行了测量。

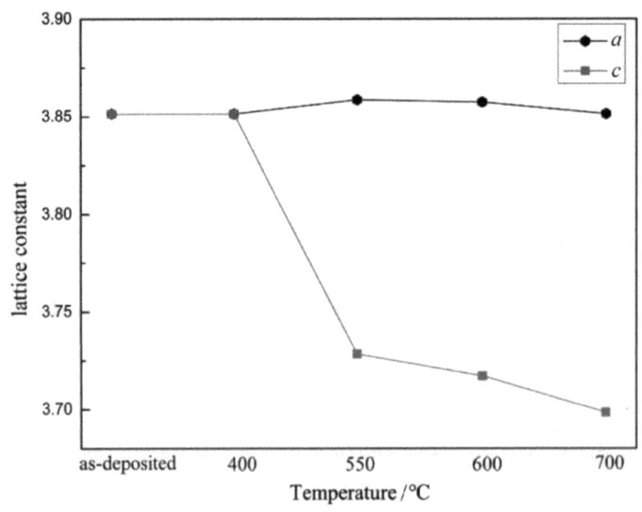

图4-3　沉积态和不同退火态下FePt薄膜的晶格常数变化

与传统块体材料不同，在对薄膜的极图进行测量时，基底会对测量结果产生强烈的影响，这是因为X射线的穿透深度远远大于薄膜的厚度。以沉积态FePt薄膜的原始测量极图为例（如图4-4所示），在测量FePt薄膜{200}晶面的极图时，发现当2θ=47.26°、χ=45°时，出现了4个衍射强度异常强烈的衍射信号。可以判断这些强烈的衍射信号并非来自FePt薄膜，因为薄膜材料的织构类型为纤维织构，即面内为随机织构，在χ角不变的情况下，衍射强度不会随着ϕ角的改变而出现明显的变化。同时，这4个强度异常强烈的衍射信号表现出4次对称性，说明这些衍射信号来自热氧化SiO_2/Si基底中的单晶Si部分。根据2θ角的大小判断出衍射信号来自单晶Si的{220}面，在$\chi = 45°$出现的原因是实验采用的热氧化Si基底是在{001}单晶Si上形成的，而{220}与{001}面正好成45°，因此，当样品台旋转到$\chi = 45°$时，会探测到单晶Si的{220}面。单晶Si的衍射信号会比薄膜的强很多，导致了FePt薄膜的衍射信号被覆盖，这对薄膜的极图测量产生了极大的影响，甚至掩盖了薄膜的极图信息。图4-5（a）是沉积态FePt薄膜的{200}原始测量极图，在这种情况下，无法分析FePt薄膜样品的织构，因此需要对测量极图数据进行修正。根据图4-4（a）原始测量极图中来自单晶Si基底的衍射信息位置，扣除了当$2\theta = 47.26°$、$\chi = 45°$时来自Si基底{220}晶面的衍射数据，得到校正后的极图，如图4-5（b）所示。在此基础上，对所有FePt薄膜的原始测量极图数据进行修正后，得到校正后的极图，如图4-6所示。

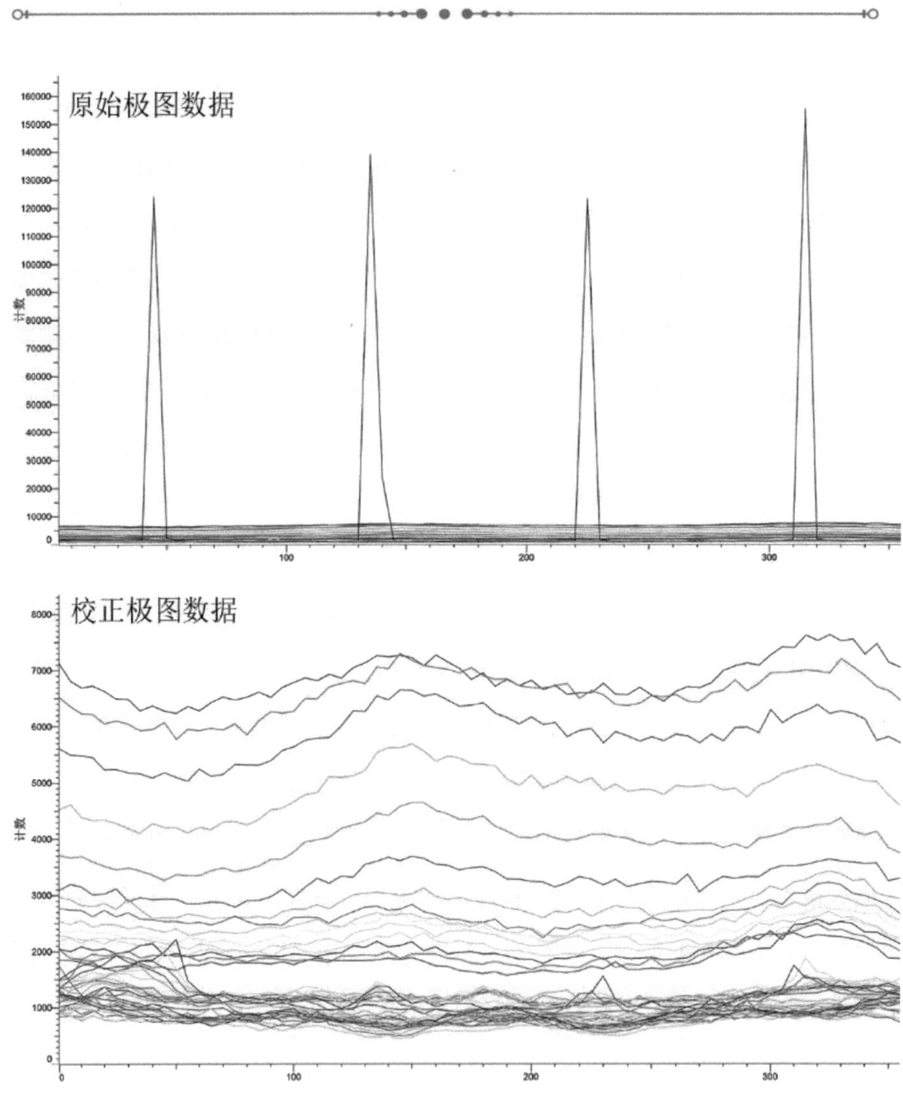

图4-4　沉积态FePt薄膜的{200}极图原始数据及校正后的数据

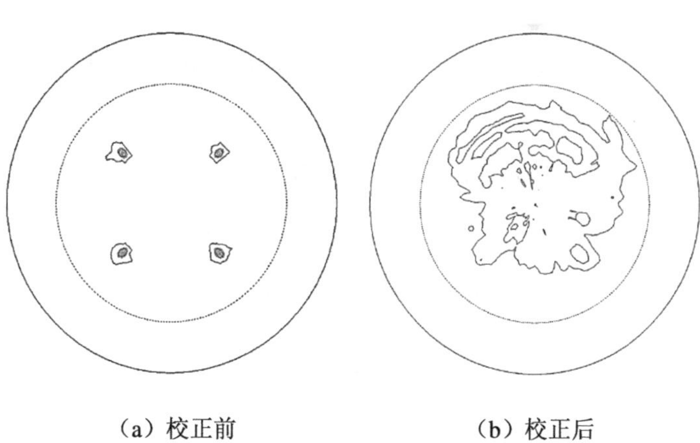

（a）校正前　　（b）校正后

图4-5　沉积态FePt薄膜的{200}极图

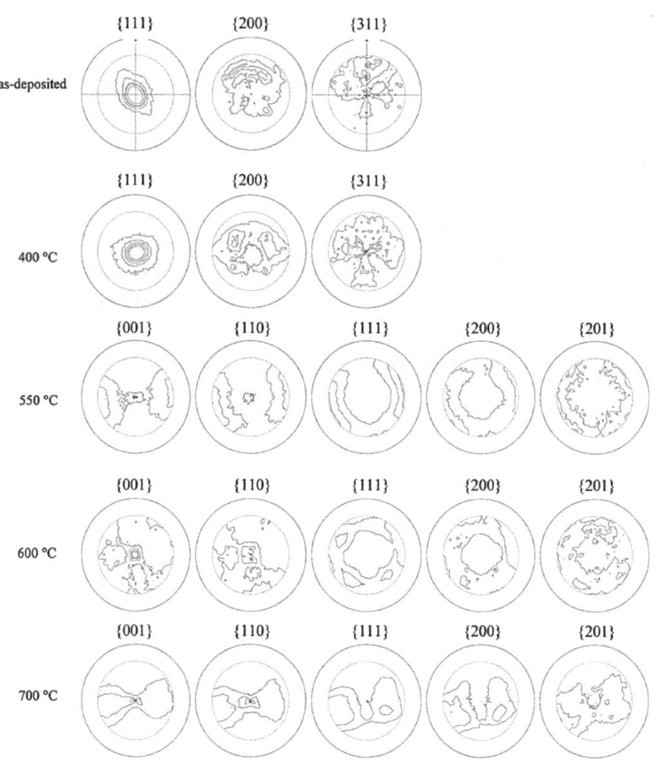

图4-6　沉积态和退火态FePt薄膜的极图（密度水平：1.0, 1.2, 1.4, 1.6, 1.8, 2）

根据以上校正后的极图数据，利用Bunge的级数展开法计算了薄膜样品的取向分布函数（ODF）。对于FePt薄膜以及$L1_0$-FePt薄膜而言，最重要的是{001}、{111}及{110}纤维织构的变化情况，这些类型的织构在ODF图中的位置集中在（φ_2=45°，ϕ=0°）、（φ_2=45°，ϕ=55°）和（φ_2=45°，ϕ=90°）。因此，选择取向分布函数φ=45°的ODF截面图来进行说明和讨论，如图4-7所示。其中，图4-7（a）—（e）分别是沉积态和退火态FePt薄膜的φ=45°的ODF截面图，图4-7（f）是{001}、{111}、{110}纤维织构在φ=45°ODF截面图上的位置示意图。从图4-7（a）中可以看出，沉积态FePt薄膜样品中存在较弱的{111}纤维织构，经过400 °C退火后，薄膜样品中{111}纤维织构的强度有所增加。表面能和应变能最小化是薄膜中形成纤维织构的最主要驱动力，在面心立方结构中，表面能最小化对织构的形成起主导作用时，会出现{111}纤维织构；应变能最小化作为主导作用时，会导致{001}纤维织构的形成。可见，表面能最小化和应变能最小化会导致不同织构类型的产生，在纤维织构形成过程中存在竞争关系。沉积态FePt薄膜为面心立方结构，{111}面是最密排面，具有最低的表面能，在沉积过程中薄膜内的晶粒容易沿着{111}最密排面生长，形成{111}纤维织构。当样品经过400 °C退火后，没有发生有序化转变，只是薄膜内部的结晶度增加、晶粒长大，使得{111}纤维织构有所增加。图4-7（c）是550 °C退火态$L1_0$-FePt薄膜的ODF截面图，此时的薄膜内开始出现了微弱的{001}纤维织构。这是因为在有序化转变前，FePt薄膜的晶粒长大松弛了面内的应力，使薄膜处于无面内应变或者较弱的面内应变状态，在这种状态下发生有序化转变时，会对{001}纤维织构的形成产生一定的促进作用。当退火温度继续升高到600 °C时，$L1_0$-FePt薄膜的{001}纤维织构略微增强，*c*轴继续收缩产生的应变能为{001}纤维织构的增强提供了驱动力。可以看出，当发生有序化转变以后，薄膜内的织构类型发生了改变，但是当薄膜样品经过700 ℃退火后，薄膜内的{001}纤维织构减弱，如图4-7（e）所示。

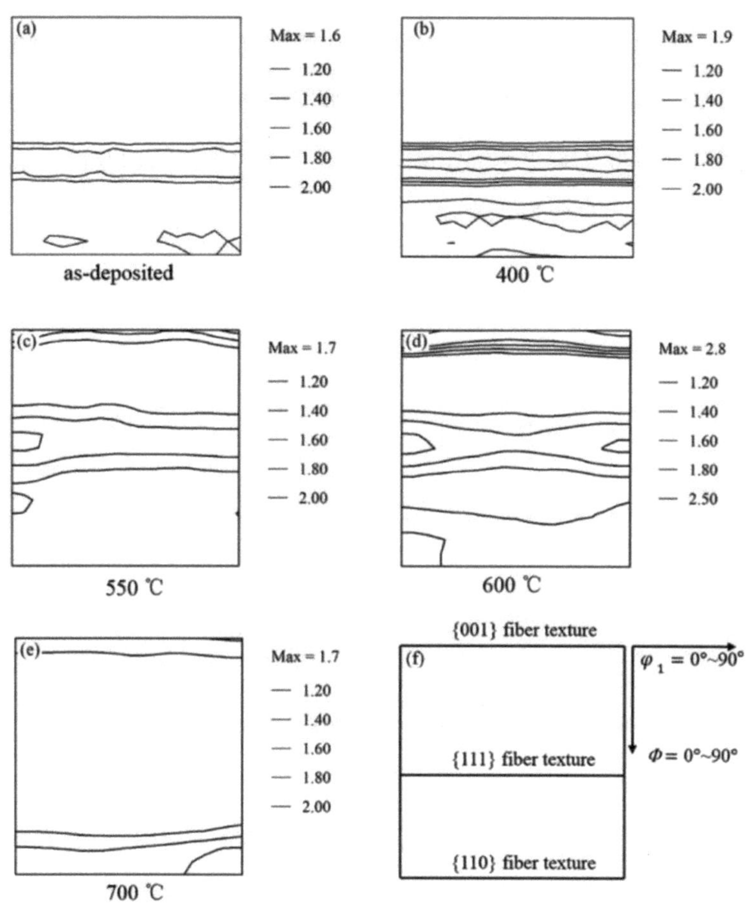

图4-7　不同退火温度下$L1_0$-FePt薄膜的取向分布函数图

为了更加深入地研究薄膜中主要织构类型与织构强度的变化过程，进一步用取向线进行分析。图4-8给出了沉积态和退火态$L1_0$-FePt薄膜样品中{001}、{111}和{110}纤维织构的取向线分布图。从图4-8（a）中可以看出，

400 ℃退火态$L1_0$-FePt薄膜中的{111}纤维织构最强，当退火温度提高到550 ℃时，$L1_0$-FePt薄膜中的{111}纤维织构开始减弱，最后，在700 ℃退火态的薄膜样品中，{111}纤维织构的强度降为最弱。从图4-8（b）中可以看出，有序化转变后，薄膜内{001}纤维织构的强度要强于有序化转变前的薄膜样品，随着退火温度的增加，{001}纤维织构的强度呈现先增强后减弱的变化趋势，在600 ℃退火态的$L1_0$-FePt薄膜内具有最强的{001}纤维织构。

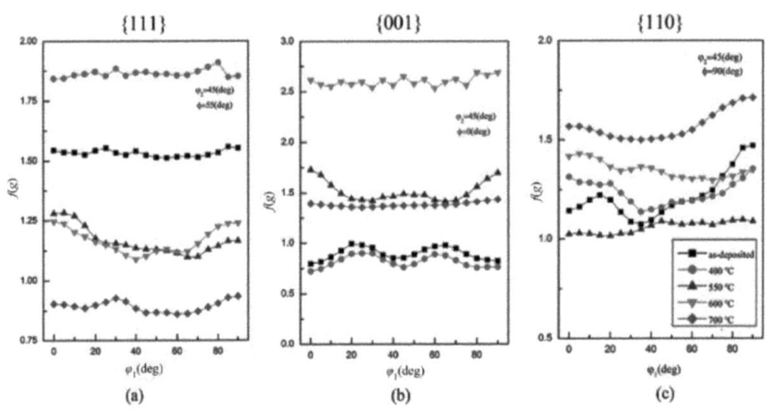

图4-8　$L1_0$-FePt薄膜在不同退火温度下织构的变化

对比图4-8（a）和（b）可以看出，无序的面心立方结构FePt薄膜的{111}纤维织构强度要大于有序四方结构$L1_0$-FePt薄膜，而{001}纤维织构的强度小于有序四方结构的薄膜样品。经过有序化转变后，$L1_0$-FePt薄膜的{001}纤维织构的组分相对增加，{111}纤维织构的组分相对下降，说明有序化转变对{001}纤维织构的形成有一定的促进作用。但是，700 ℃退火态的$L1_0$-FePt薄膜样品的{111}和{001}纤维织构的强度均严重降低，只有{110}纤维织构略强于其他样品。从图4-3的晶格常数变化图中可知，在700 ℃退火态的薄膜内，由有序化转变而产生的应变最大，应变的增加应该会继续促进{001}纤维织构的增强，但是实验结果却相反，因此，对于{001}纤维织构弱化现象的出现还需要结合薄膜内的微观结构进行分析和讨论。

从图4-2中可知，经过550 ℃退火后的FePt薄膜发生了有序化转变，由面心立方结构变为四方结构，晶格常数与晶胞体积发生了变化，这种变化对薄膜的织构产生了影响。从400 ℃到550 ℃退火态，薄膜样品从{111}纤维织构变为{001}纤维织构，其间伴随着晶粒的长大和有序化转变。根据上一节的研究表明，{001}纤维织构的形成与有序化转变前薄膜的面内应变有关，如果在有序化转变前，薄膜内具有足够大的面内拉伸应变，会促进有序化转变过程中$L1_0$-FePt薄膜内晶粒向{001}方向转变，而且原有的{001}取向晶粒可以被稳定地保留下来，并在之后的晶粒长大过程中，拉伸面内应变和有序化应变提供的应变能为{001}纤维织构的形成提供了驱动力。FePt薄膜在沉积态时，具有低的结晶度和致密度，内部也存在较多的缺陷，随着退火后薄膜内缺陷消失、致密化程度增加，薄膜体积减小，同时受到基底束缚而产生面内拉伸应变。如果有序化转变发生在晶粒长大之后，薄膜中的面内拉伸应变则通过晶粒长大而得到大幅的缓解，此时发生有序化转变则不会有强大的驱动力来促进薄膜内{001}取向晶粒的产生，使得有序化转变后的$L1_0$-FePt薄膜内不会出现强的{001}纤维织构。

因此，在退火过程中有序化转变过程和晶粒长大过程发生的先后顺序对{001}纤维织构的形成起到至关重要的作用。由于本实验样品采用的退火方式为随炉升温退火，在发生有序化转变之前晶粒已经长大，薄膜内的应力得到松弛，面内应变大幅减小，形成{001}纤维织构的驱动力不足，所以在550 ℃以上的退火态$L1_0$-FePt薄膜中没有出现强的{001}纤维织构。

图4-9是不同退火温度下FePt薄膜样品的磁滞回线。在400 ℃退火条件

下，薄膜样品为面心立方结构，矫顽力很小，显示出软磁特性。从550 ℃开始，薄膜样品发生有序化转变，形成$L1_0$有序相，矫顽力增大，显示为硬磁性。根据初始磁化曲线判断：在低的外加磁场的作用下，磁化速率较慢；而当外加磁场变强时，磁化速率加快，直到饱和状态。这样的磁化特征属于磁化翻转机制。从图4-10的矫顽力变化曲线可以看出，随着退火温度的增加，矫顽力越来越大，这是由薄膜样品的有序度增加和有序畴长大造成的。对于垂直磁记录材料而言，平行膜面的剩余磁化强度与垂直膜面的剩余磁化强度的比值，可以反映材料垂直磁各向异性的程度。通过比较不同退火态薄膜样品的剩磁比，发现不同样品之间的磁各向异性的差异不明显，这与样品中{001}纤维织构较弱有关。如果要提高$L1_0$-FePt薄膜的垂直磁各向异性，就必须增强其膜内的{001}纤维织构。

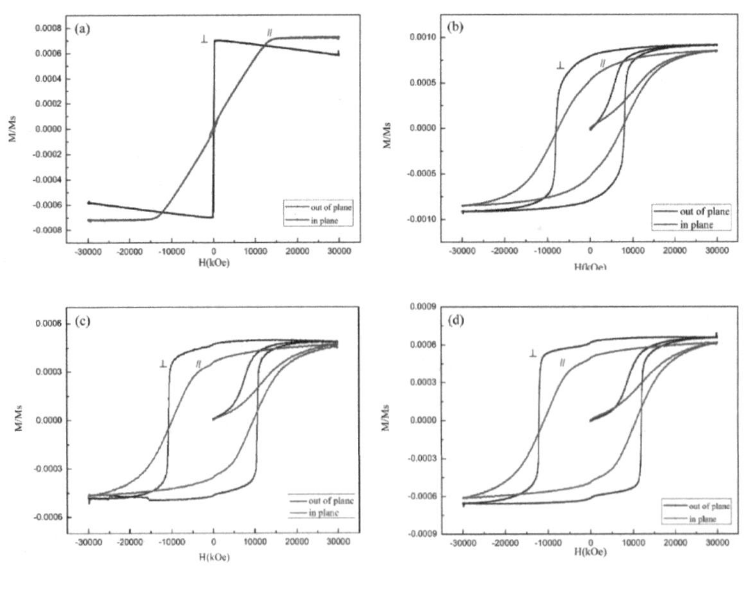

（a）— 400 ℃；（b）— 550 ℃；（c）— 600 ℃；（d）— 700 ℃

图4-9　不同退火温度下FePt薄膜的磁滞回线

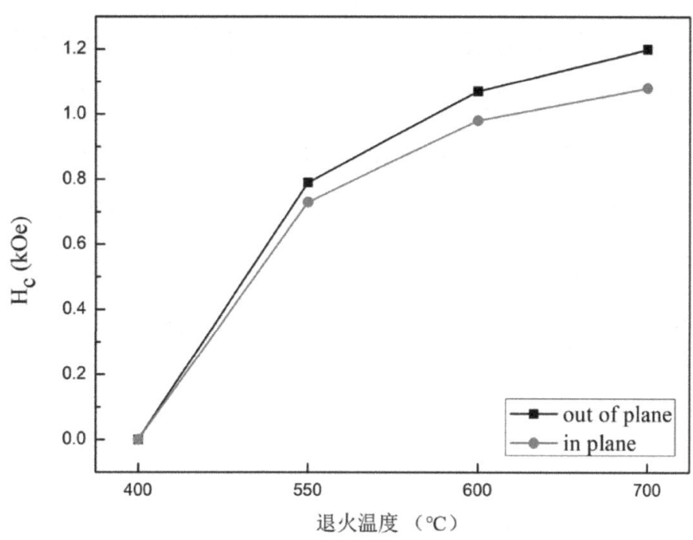

图4-10　不同退火温度下FePt薄膜的矫顽力变化

4.3 退火时间对 L1$_0$-FePt 薄膜织构的影响

通过研究100 nm厚的FePt薄膜样品在不同退火温度下的织构变化，发现当在600 °C 退火条件下时，会导致L1$_0$-FePt薄膜内出现{001}纤维织构。在此基础上，进一步研究退火时间对{001}纤维织构和磁性能的影响。图4-11是600 °C退火态L1$_0$-FePt薄膜样品经过不同退火时间的X射线衍射图谱，退火时间分别为15 min、30 min、45 min和60 min。从图中可以看出，退火15 min后，薄膜样品的X射线衍射图谱中已经出现了{001}、{110}、{002}和{201}超晶格衍射峰，这表明薄膜内发生了有序化转变，形成了L1$_0$有序相。根据XRD结果，计算了不同退火时间下的有序度和晶格常数。图4-12（a）是L1$_0$-FePt薄膜的有序度变化图，经过15 min退火后，L1$_0$-FePt薄膜的有序度已经达到0.85以上，退火30 min后，L1$_0$-FePt薄膜的有序度有所增加，但随着退火时间的进一步延长，样品内的有序度不再发生明显的变化，说明在45 min的退火时间内，FePt薄膜已经充分地完成了有序化转变，而进一步延长退火时间，不会提高$L1_0$-FePt薄膜的有序度。同时，从图4-12（b）的晶格常数变化图中可以看出，在45 min的退火时间内，*c*轴会随着退火时间的延长而缩短，但是当退火时间超过45 min后，薄膜样品的晶格常数不再发生变化，此时薄膜内不再出现由有序化转变而产生的应变。

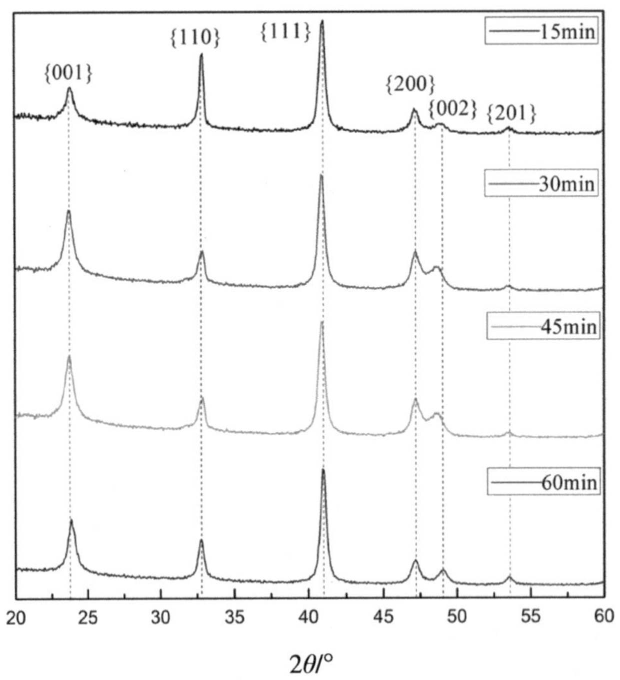

图4-11　600 ℃退火态$L1_0$-FePt薄膜的X射线衍射图谱

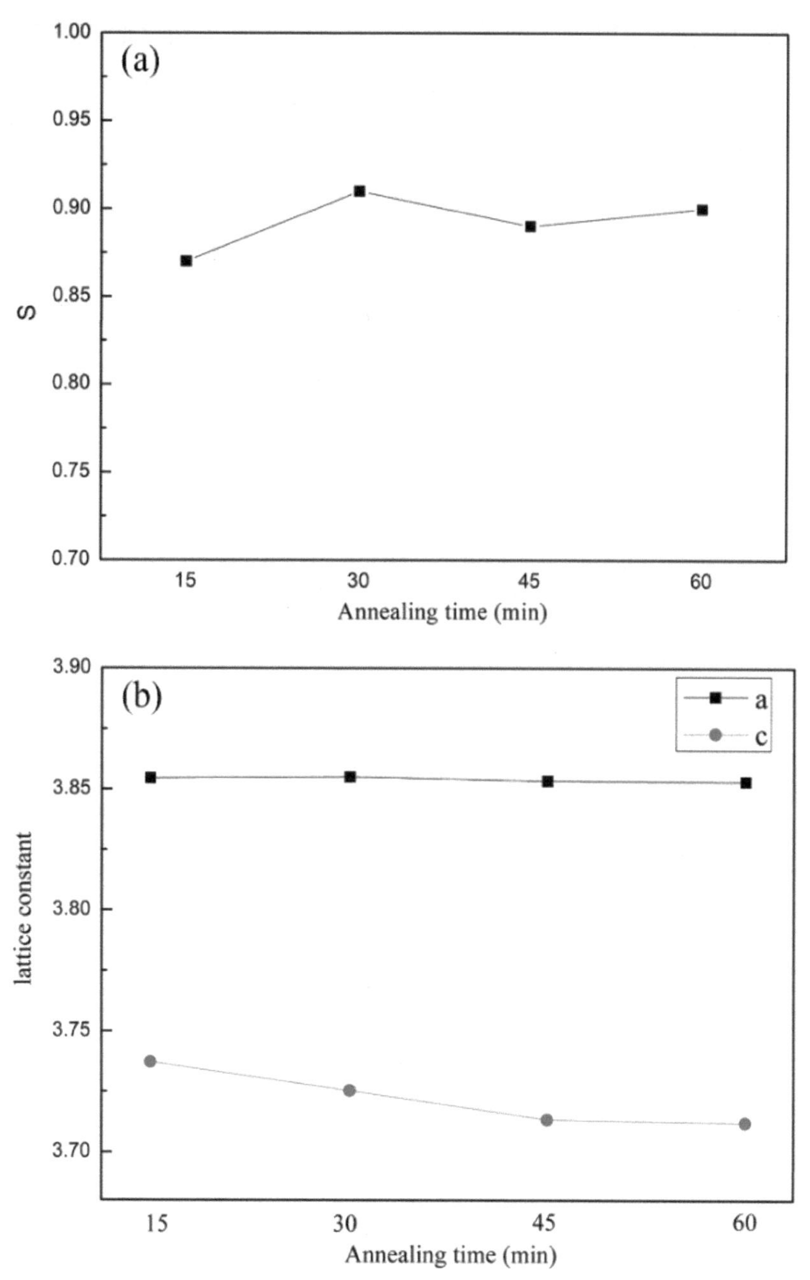

图4-12　600 ℃退火态$L1_0$-FePt薄膜的有序度与晶格常数变化图

图4-13是600 ℃退火态薄膜样品经过不同时间退火后的ODF截面图。从图中可以看出，600 ℃退火态薄膜样品主要存在{001}和{111}纤维织构，退火时间的延长没有改变薄膜样品的织构类型。$L1_0$-FePt薄膜样品经过15 min退火后，开始形成了{001}纤维织构，如图4-13（a）所示。经过30 min退火后，样品中的{001}纤维织构的强度增加，从有序度和晶格常数的变化来看，是因为薄膜内的有序化转变产生的面内应变为{001}纤维织构的形成提供了驱动力。另外，随着退火时间的延长，具有{001}取向的晶粒也长大了。经过45 min退火以后，$L1_0$-FePt薄膜内的{001}纤维织构开始减弱，并且在退火时间为60 min的样品中{001}纤维织构进一步弱化。由于随着退火时间的延长，薄膜内的缺陷会越来越少，而且有序化转变已经完成，晶格常数不会再发生变化，薄膜内的拉伸应变大幅降低。在这样的情况下，$L1_0$-FePt薄膜中的应变能也大幅减少，使得应变能最小，不再是纤维织构形成的最主要驱动力，因此，$L1_0$-FePt薄膜中的晶粒不再沿着{001}面择优生长，造成了薄膜中{001}纤维织构组分的下降。

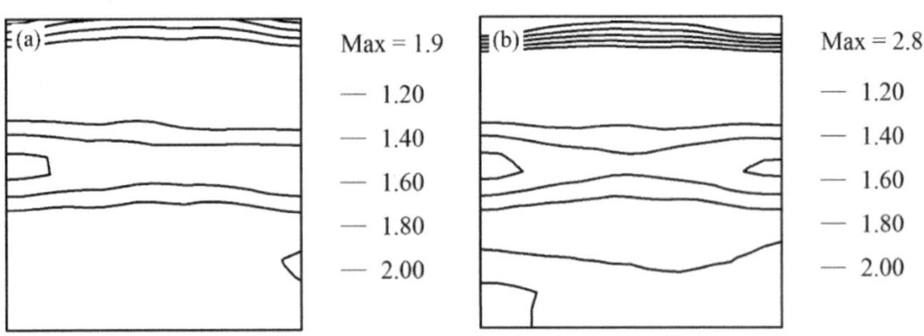

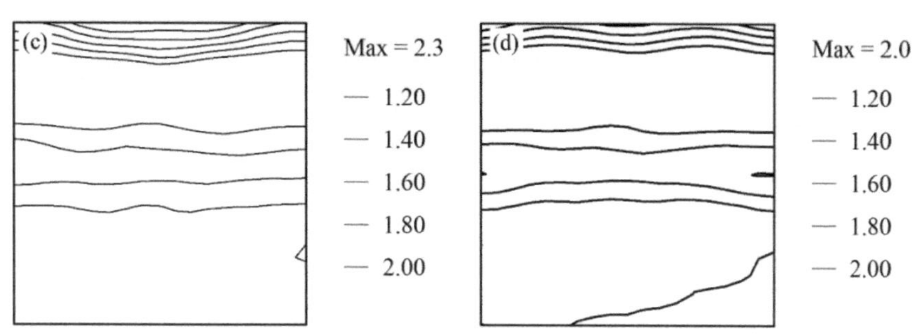

（a）—15 min；（b）—30 min；（c）—45 min；（d）—60 min

图4-13　600 ℃退火态$L1_0$-FePt薄膜的ODF图

图4-14是600 ℃退火态薄膜样品在不同时间退火后的磁滞回线。从图中可以看出，经过600 ℃退火后的所有样品均表现出硬磁性，说明形成了$L1_0$有序相。相比于平行薄膜表面方向，垂直于薄膜表面方向的剩余磁化强度更大，表明所有薄膜样品均表现出一定的垂直磁各向异性，并且不同样品之间剩磁比的差异不明显，这也与薄膜中的织构类型与强度吻合。当退火时间增加到45 min以上时，薄膜的矫顽力不再发生变化（见图4-15），这是由于薄膜内的有序相基本上已经完全形成，有序度不会再随着退火时间的延长而增加。

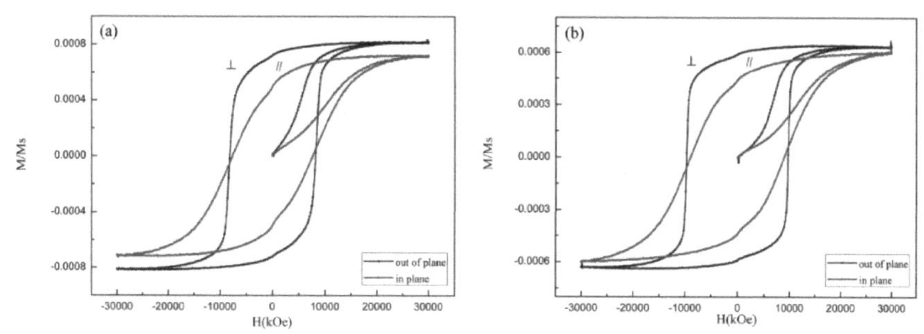

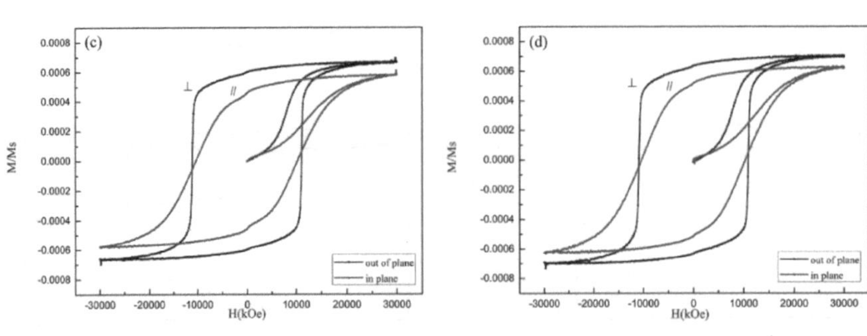

(a)—15 min；(b)—30 min；(c)—45 min；(d)—60 min

图4-14　600 °C退火态$L1_0$-FePt薄膜的磁滞回线

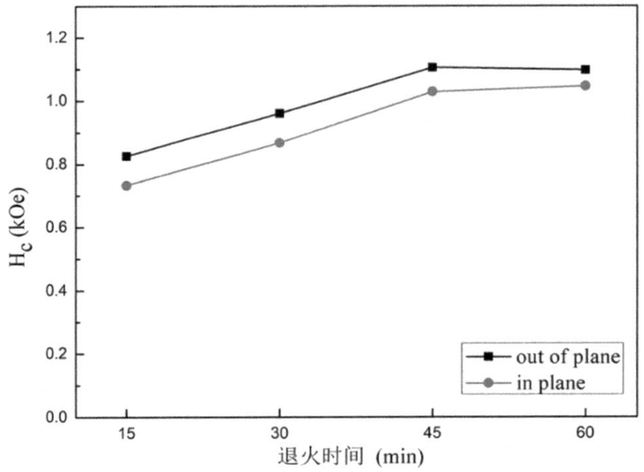

图4-15　600 °C退火态$L1_0$-FePt薄膜的矫顽力变化曲线

4.4 退火过程中 $L1_0$-FePt 薄膜微观结构的变化

通过实验研究不同退火条件下$L1_0$-FePt薄膜的纤维织构与磁性能的变化规律可以发现，经过 600 °C退火30 min后，$L1_0$-FePt薄膜样品具有{001}纤维织构，但是当退火温度升高到700 °C时，$L1_0$-FePt薄膜内的{001}纤维织构明显减弱甚至消失。在有序度提高和面内应变增加的情况下，薄膜内的应变能应该继续为{001}纤维织构的形成提供驱动力，然而实验结果却正好相反，这可能与薄膜内微观结构的变化有密切的关系，因此需要对FePt薄膜在退火过程中的微观结构变化进行了深入的分析。

用EBSD技术对600 ℃和700 ℃退火态的$L1_0$-FePt薄膜样品的微观结构进行观察。图4-16（a）和（c）是这两种退火温度下的$L1_0$-FePt薄膜取向分布图，图中不同灰度代表晶粒的不同取向，图的右下角是灰度参照图。与图4-16（a）相比较，经过700 ℃退火后，薄膜内代表{001}取向的区域明显减少。图4-16（b）和（d）是相对应的EBSD衬度图。通过比较这两种薄膜样品的晶粒尺寸大小可以看出，700 ℃退火态的薄膜内部晶粒较大。通过对薄膜内的晶界类型进行分析发现，在600 ℃和700 ℃退火态的$L1_0$-FePt薄膜中都有孪晶的存在，如图4-16（b）和（d）所示，在衬度图中用曲线将孪晶界标出。对两种退火态薄膜样品的取向差角进行统计以比较不同退火温度下$L1_0$-FePt薄膜中孪晶界的数量变化，如图4-16（e）和（f）所示。结果表明，经过700 ℃退火后，$L1_0$-FePt薄膜中孪晶的数量明显增多。孪晶是晶体生长过程中比较常见的晶体学缺陷。如果薄膜内出现了孪晶，将会导致其纤维织构弱化。孪晶的出现一方面会松弛薄膜内的应力，降低薄膜的体系自由能，另一方面会改变薄膜内晶粒的取向。EBSD结果表明，在退火态$L1_0$-FePt薄膜中出现孪晶，是{001}纤维织构比较弱的主要原因。

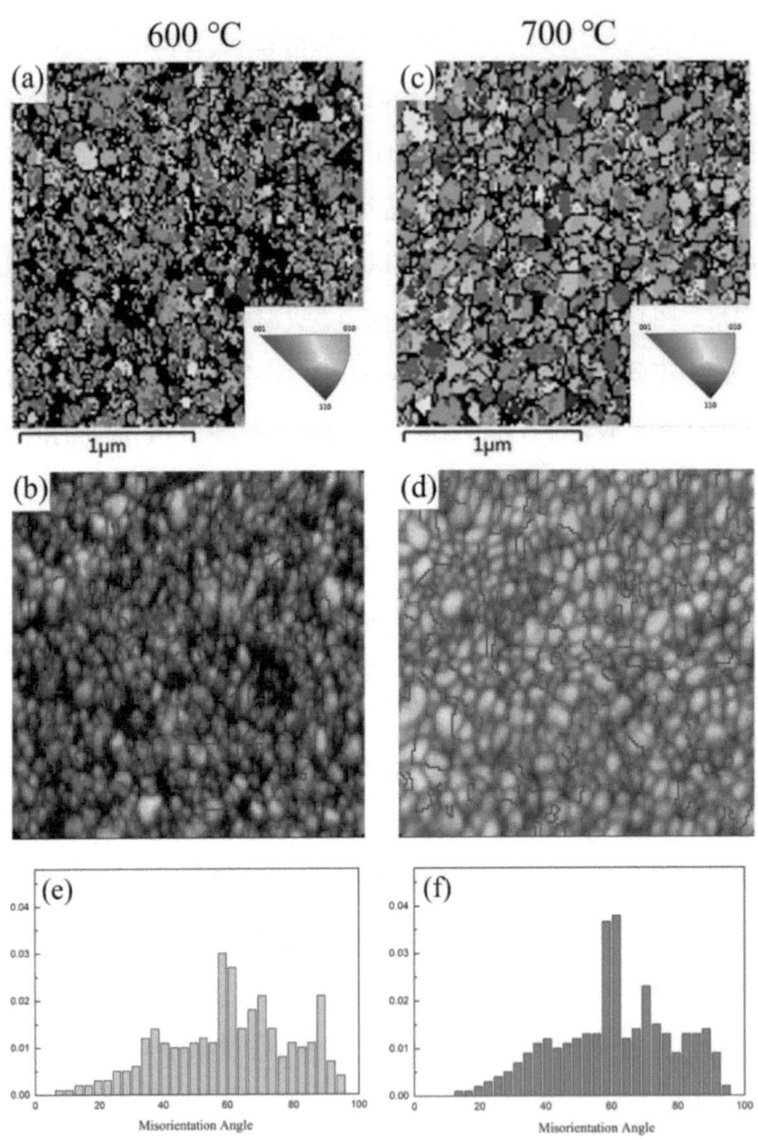

图4-16　600 °C和700 °C退火态$L1_0$-FePt薄膜的取向分布图、衬度图以及取向差分布图

利用TEM对沉积态薄膜样品和600 °C、700 °C退火态薄膜样品内部的

微观结构进行深入观察，判断孪晶的类型以及在晶粒内部的结构。图4-17（a）和（b）是沉积态FePt薄膜的微观结构及选区电子衍射图。沉积态薄膜中晶粒十分细小且均匀分布，平均晶粒尺寸大约在10 nm。对衍射环进行标定，从多晶衍射环中可以看出，只有{111}、{200}和{220}衍射环，证明沉积态薄膜为无序的面心立方结构。图4-17（c）和（d）是600 °C退火态FePt薄膜的微观结构及选区电子衍射图。相比于沉积态薄膜，经过600 °C退火后，薄膜内的晶粒开始生长，一些晶粒的尺寸已经远远大于沉积态样品的晶粒尺寸。同时，对选区电子衍射图进行标定，可以看到代表$L1_0$有序结构的{001}和{110}衍射环。图4-17（e）和（f）是700 °C退火态FePt薄膜样品的微观结构及选区电子衍射图。与600 °C退火态薄膜相比，700 °C退火态薄膜内的晶粒尺寸增大，并且有些晶粒已经发生了粗化。对700 °C退火态薄膜中已经长大的晶粒进行放大倍数的观察，如图4-18所示，在白色方框区域内可以看到在较大尺寸的晶粒内部存在层错、一阶孪晶和V形孪晶等缺陷。

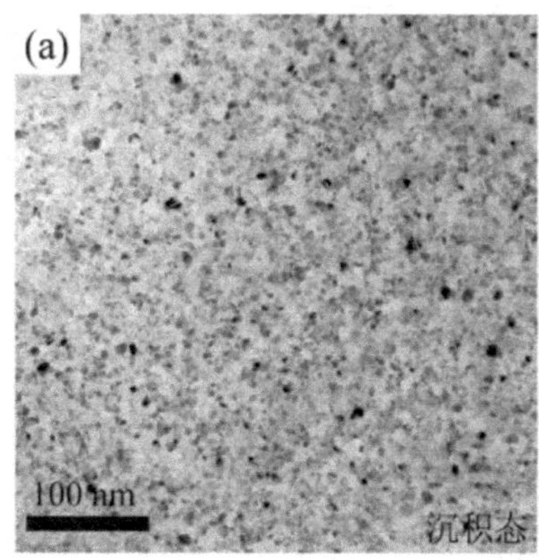

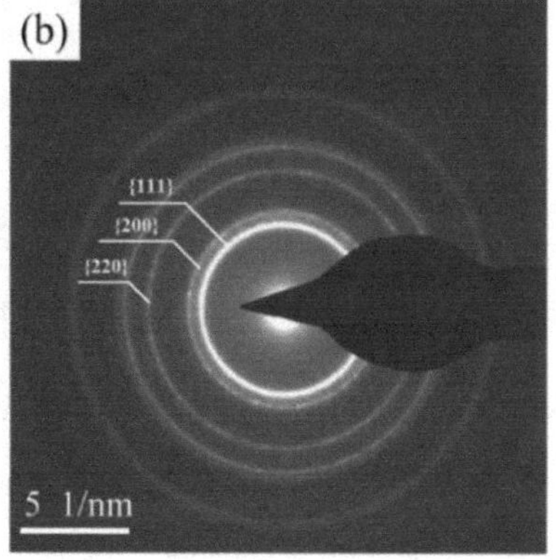

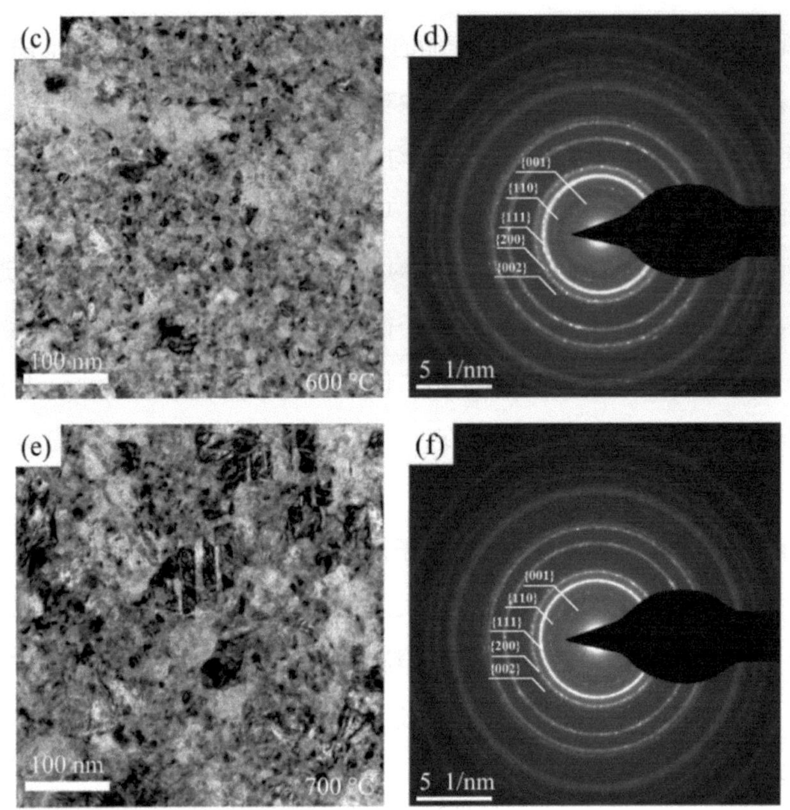

图4-17　FePt薄膜的微观结构与选区衍射图

从EBSD数据可知，随着退火温度的升高，薄膜内的晶粒开始长大，并且孪晶的数量也越来越多，这与薄膜在退火过程中内部晶界的迁移有很大的关系。退火温度的提高为晶界的迁移提供了更多的能量，使晶界迁移的距离增加，从而导致了退火孪晶数量的增多。为了研究孪晶的种类与形成机制，对沉积态和退火态的薄膜样品进行高分辨表征。在沉积态FePt薄膜样品中，发现存在纳米孪晶，如图4-19所示，在一个晶核内部出现宽度为5 nm的孪晶。对于沉积态薄膜来说，在退火之前晶粒没有长大，还处于成核阶段，在晶粒形核和长大阶段出现的孪晶属于生长孪晶。生长孪晶的产生是因为当晶粒以柱状形式向上生长时，如果相邻的两个晶粒的生长方向不同，会随着厚度的增加而发生挤压，使得晶格产生畸变，当畸变过大并超过屈服极限时，会形成生长孪晶来降低薄膜内畸变。对于100 nm厚的FePt薄膜，在晶粒形核阶段便出现了生长孪晶，因此在有序化退火后，$L1_0$-FePt薄膜内部很难出现强的{001}纤维织构。

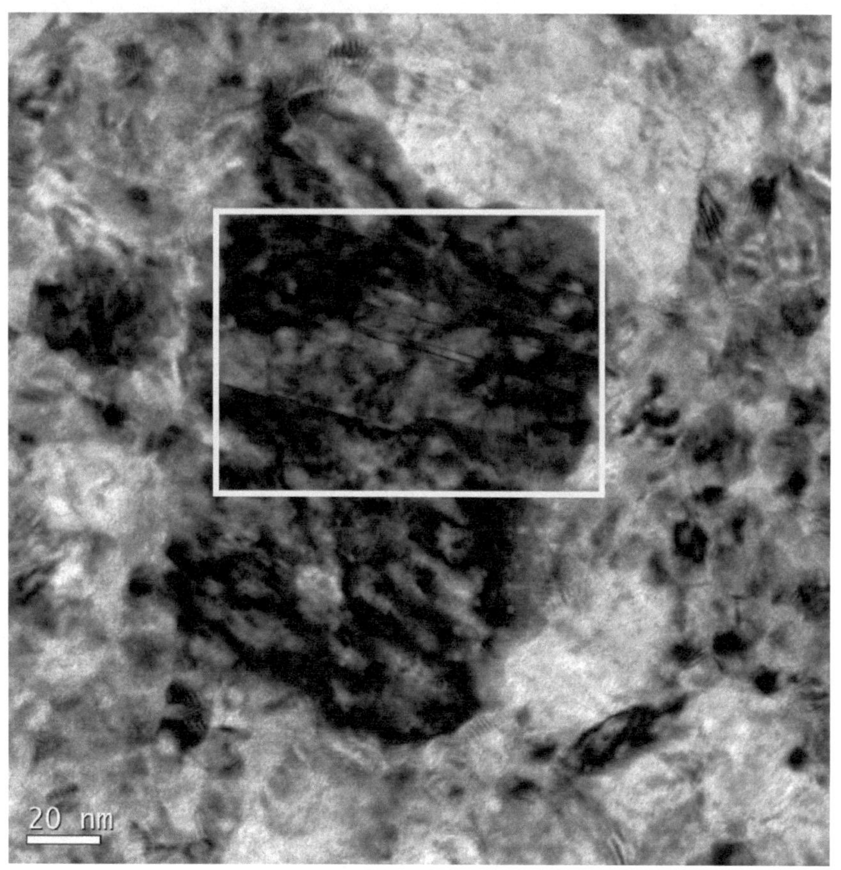

图4-18　700 ℃退火态FePt薄膜晶粒内部微观结构

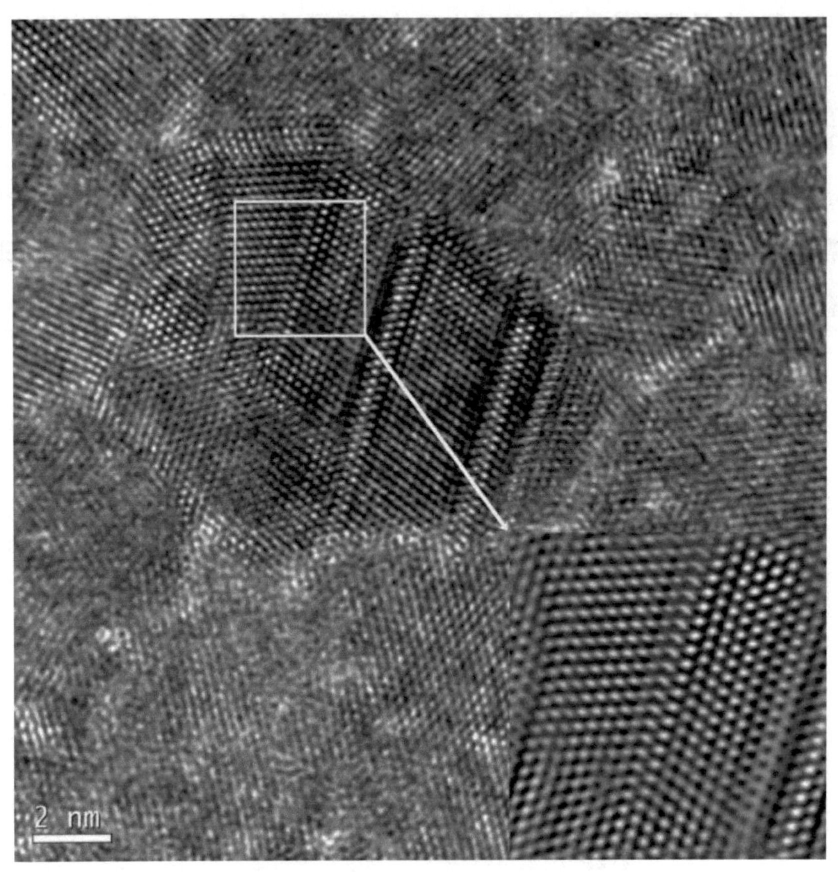

图4-19 沉积态FePt薄膜晶粒内部孪晶的高分辨透射照片

图4-20是600 ℃退火态$L1_0$-FePt薄膜晶粒内部的微观结构高分辨图及傅里叶变换后的电子衍射花样。从图4-20（a）的高分辨电子显微照片中可以看到，$L1_0$-FePt薄膜内存在孪晶结构和大量的层错。对衍射花样进行标定，如图4-18（b）所示，白色标注的衍射斑对应于图4-20（a）中的白色区域，黑色标注的衍射斑对应于图4-20（a）中的黑色区域。根据电子衍射花样可知，薄膜内部存在以{111}面为孪晶面的孪晶结构，其原子排列结构如图4-

20（c）所示。同时，在图4-20（a）中可以看到在孪晶界的附近存在大量层错，从衍射斑中迹线的方向得出，薄膜内的层错平行于{111}和{1-1-1}晶面方向。通过对薄膜样品的观察，发现在{111}面上存在高密度的层错和孪晶，说明$L1_0$-FePt薄膜具有较高的层错能，而$L1_0$-FePt薄膜的孪晶界面能远小于层错能，因此，在退火的过程中容易形成退火孪晶。

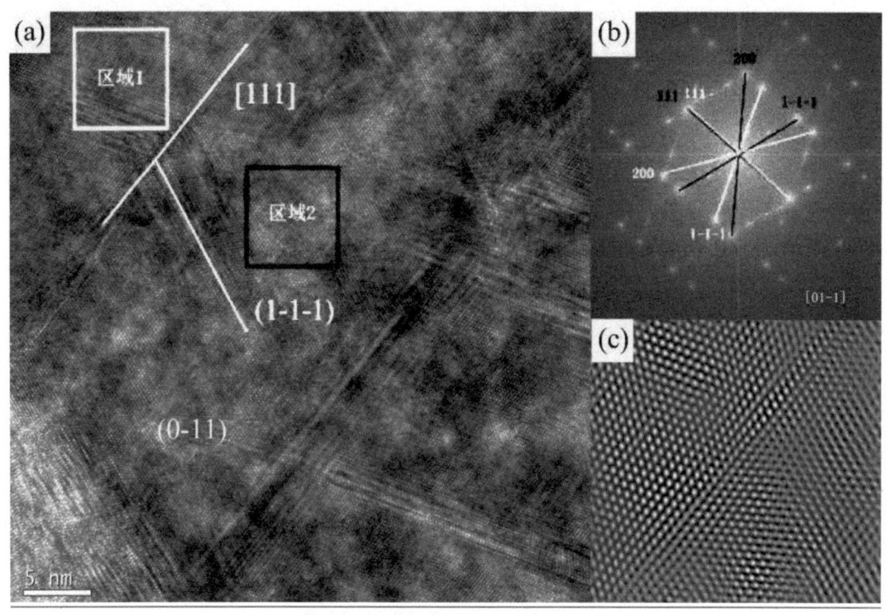

图4-20　600 °C退火态$L1_0$-FePt薄膜晶粒内部高分辨透射照片

图4-21是700 °C退火态$L1_0$-FePt薄膜晶粒内部的微观结构。图中电子束方向与[1-10]晶带轴平行，对图4-21（a）内孪晶界两侧黑色和白色区域进行反傅里叶变换得到两套衍射斑，对衍射斑进行标定，结果如图4-21（b）—（d）所示。$L1_0$-FePt薄膜内孪晶的取向关系为沿[111]轴旋转180°或者沿[110]轴旋转70.5°，在[110]方向可以清楚地看到Fe原子和Pt原子在{001}面

交替排列，并且在孪晶界处有位错的存在。另外，图4-21（e）给出了在[110]方向的原子排列模型，从图中可以看出，{001}面在孪晶界处的夹角为110°，也就是说，当薄膜中出现退火孪晶时，{001}面发生了70°的偏转，从而使晶粒的取向发生了改变。

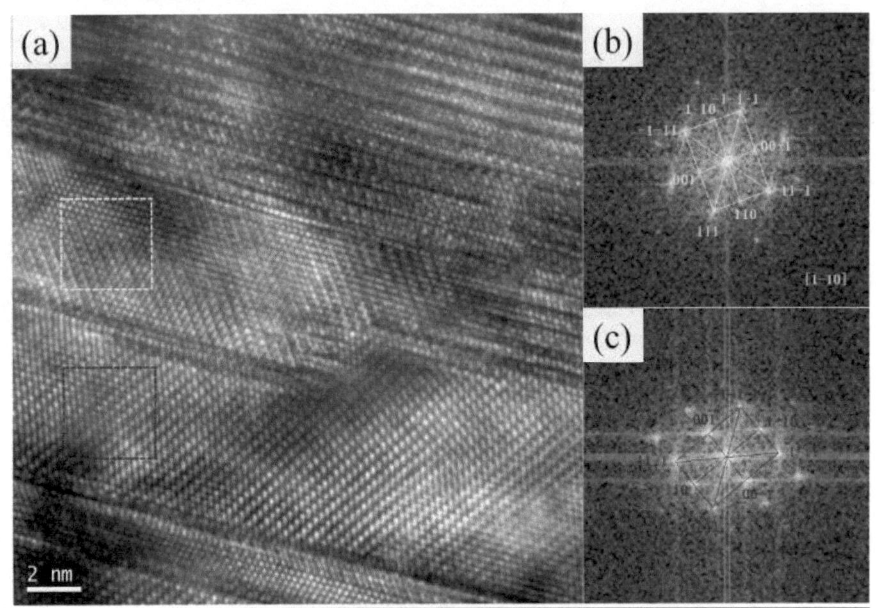

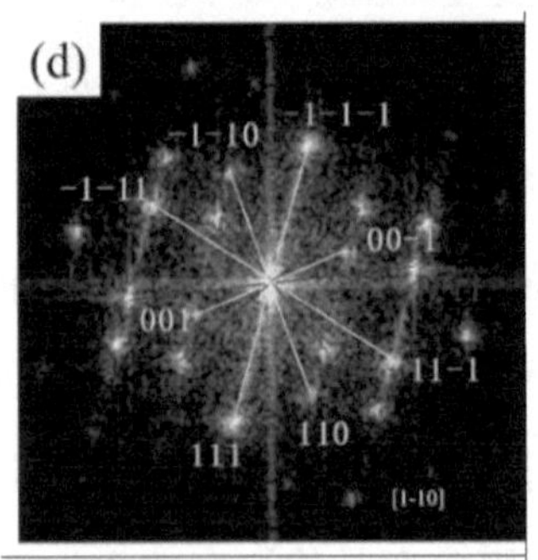

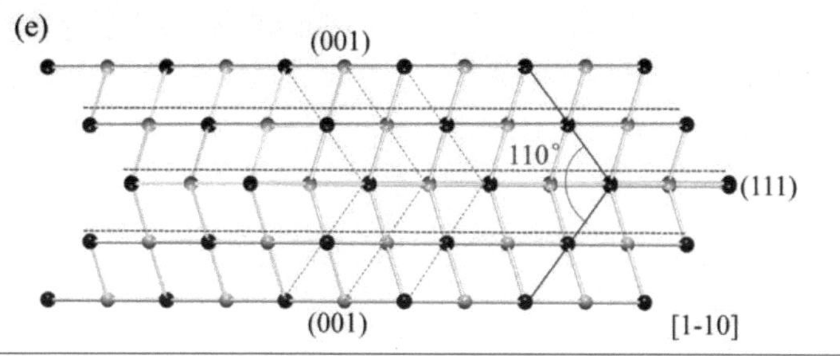

图4-21　700 ℃退火态 $L1_0$-FePt薄膜内部孪晶结构

观察图4-22所示的700 ℃退火态$L1_0$-FePt薄膜晶粒内部的孪晶结构时，可以发现薄膜内存在多重孪晶。图4-22（a）属于二重孪晶，B晶粒和C晶粒以{111}面为孪晶面，同时从C晶粒内部可以看到还有层错存在，但是A晶粒与B晶粒的孪晶界是以共格形式存在的。当产生二重孪晶时，一重孪晶的初始晶粒与二重孪晶的晶粒同时长大，这两个晶粒接触后，便形成二重孪晶界，其发生过程是：A晶粒在白色虚线处产生一阶孪晶，形成新取向的B晶粒，然后B晶粒在{1-11}面上继续形成一重孪晶后产生C晶粒，那么A晶粒与C晶粒为二重孪晶关系，它们之间的界面为二重孪晶界。其中，一重孪晶界是由孪晶在原晶粒上形核长大形成的，而二重孪晶界是由两个具有二重孪晶取向关系的晶粒通过长大接触后形成的。图4-22（c）是三重孪晶结构，对图4-22（d）中的衍射花样进行标定后可以看出，A、B、C 3个晶粒之间均各自以{111}面或者{1-1-1}面形成孪晶界，它们之间的公共轴为平行于电子束方向的晶带轴[01-1]轴。

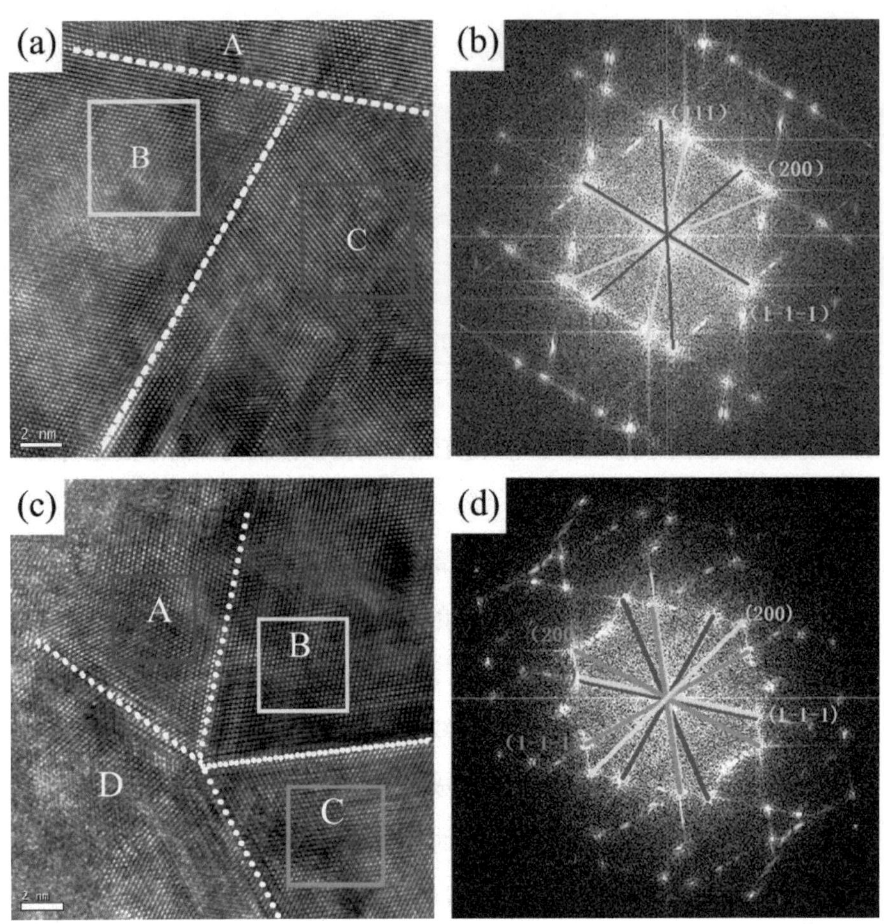

图4-22　700 ℃退火态 L1_0-FePt薄膜多重孪晶结构

另外，用EBSD技术对退火态L1_0-FePt薄膜生长方向的组织形貌与微观结构进行表征，扫描区域如图4-23（a）所示。图4-23（b）是薄膜生长组织形貌衬度图，图中黑色曲线为孪晶界；图4-23（c）是薄膜生长方向的取向成像图。结合图4-23（b）和（c）可以看出，孪晶经常出现在如图中白色圆圈区域所示的位置处，图中白色代表{010}取向，黑色代表{111}取向。{010}取向的晶粒和{111}取向的晶粒在退火后均发生了长大，并在长大的过程中相互接触形成晶界，随着两个晶粒的继续长大产生相互挤压的作用，使得晶界处的应力增加，最后通过形成孪晶的方式来释放应力，降低薄膜内的应变能，并使这两个晶粒稳定地保留了下来，并在退火的过程中进一步长大。

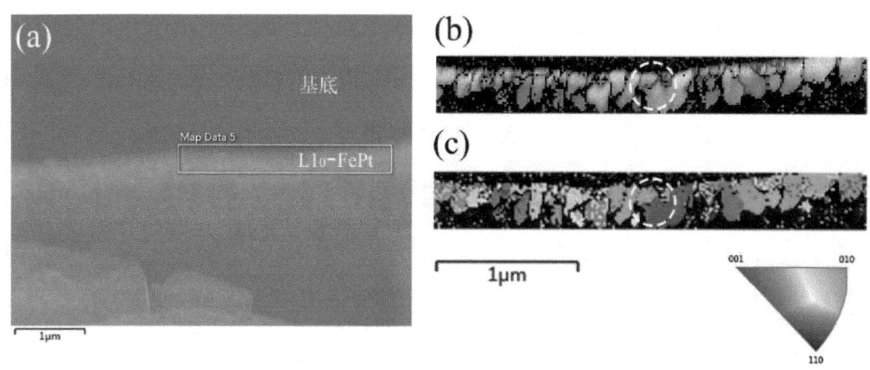

图4-23　$L1_0$-FePt薄膜的生长形貌及取向成像图

对沉积态和退火态FePt薄膜样品的微观结构进行分析，发现在退火态$L1_0$-FePt薄膜内部存在大量的退火孪晶，这种高频率的孪晶会对薄膜的纤维织构产生影响，甚至会影响薄膜的磁性能。当产生孪晶时，会造成晶粒取向的改变，尤其是对{001}晶面来说，当产生一次孪晶后会转变为{122}晶面，而更高阶的孪晶会导致薄膜内纤维织构的大幅降低，使$L1_0$-FePt薄膜内的晶粒取向呈随机分布。另外，孪晶的出现松弛了薄膜内的应变，降低了薄膜内的应变能，使形成{001}纤维织构的驱动力下降。对于700 ℃退火态$L1_0$-FePt薄膜来说，织构弱化最主要的原因是其内部产生了大量的高频孪晶。因此，如果要制备强{001}纤维织构的$L1_0$-FePt薄膜，就需要改进和控制制备工艺，抑制孪晶的产生，这样才能进一步增强$L1_0$-FePt薄膜的{001}纤维织构，从而提高其垂直磁各向异性。

4.5 本章小结

对100 nm厚的$L1_0$-FePt薄膜在不同温度随炉升温退火过程中的纤维织构进行定量表征，在有序化转变前，沉积态和400 °C退火态$L1_0$-FePt薄膜均具有较弱的{111}纤维织构。在550 °C时薄膜发生了有序化转变，{111}纤维织构开始减弱，并且出现了{001}纤维织构。随着退火温度的升高，600 °C退火态$L1_0$-FePt薄膜内的{001}纤维织构有一定幅度的增强，但是当退火温度升高到700 °C时，薄膜内的{001}纤维织构强度严重下降。

在100 nm厚的沉积态薄膜中发现了生长孪晶，并在退火后的$L1_0$-FePt薄膜内形成大量的退火孪晶。当退火温度升高到700 °C时，薄膜内的孪晶数量增多，并且在内部出现了多重孪晶。孪晶的出现会松弛薄膜内的应变，改变晶粒取向，导致700 °C退火态$L1_0$-FePt薄膜内的{001}纤维织构严重弱化。

第 5 章　$L1_0$-FePt 薄膜中{001}纤维织构的控制

在目前的研究中，人们多采用MgO单晶作为基底来增强$L1_0$-FePt薄膜的{001}纤维织构，但是MgO的成本太高，并不适合在工业化生产中大量使用。因此研究如何在工业中常用的热氧化SiO_2基底上制备出具有强{001}纤维织构的$L1_0$-FePt薄膜是十分必要的。根据计算得到的$L1_0$-FePt薄膜在不同纤维织构下的应变能大小，以及$L1_0$-FePt薄膜在有序化退火过程中的微观结构变化，表明有序化转变前的面内应变状态和薄膜内孪晶的出现，是影响$L1_0$-FePt薄膜中{001}纤维织构形成的最为关键的两个因素。在此基础上，通过改进制备工艺和调整薄膜结构，尝试在非晶热氧化SiO_2基底上制备出具有强{001}纤维织构的$L1_0$-FePt薄膜。在制备的过程中，对$L1_0$-FePt薄膜样品采用真空封管，并采取随炉升温和到温入炉的两种升温方式对样品进行退火热处理。通过调整薄膜的厚度来尝试减少薄膜内层错出现的概率，降低孪晶的数量，以此来控制{001}纤维织构的形成。

5.1 实验方法

用磁控溅射法在非晶热氧化SiO_2/Si基底上制备了不同厚度的FePt薄膜，厚度分别为5 nm、15 nm、30 nm、50 nm。溅射功率为30 W，溅射气压为0.25 Pa，通过控制溅射时间来控制薄膜的厚度。对沉积态薄膜样品预先进行了真空封管，然后采用两种退火方式，分别为随炉升温慢速退火然后空冷、到温入炉快速退火然后空冷。在箱式退火炉中进行600 °C退火，退火时间为30 min。对沉积态的样品进行X射线反射率（XRR）曲线表征，测量薄膜的厚度及层间结构，并对退火态薄膜的纤维织构进行了定量表征，最后利用透射电子显微镜（TEM）观察薄膜在生长方向上的微观结构变化，用综合物性测量系统（PPMS）测试薄膜的磁性能。

5.2 退火方式对 $L1_0$-FePt 薄膜{001}纤维织构的影响

用XRD技术对不同厚度的沉积态FePt薄膜进行反射率曲线表征，以确定薄膜的厚度并观察其层间结构是否完整。图5-1是不同厚度的沉积态FePt薄膜的反射率曲线图。如图5-1所示，XRR曲线中都存在由于层间干涉产生的Bragg峰以及Kiessig条纹，这说明不同厚度的沉积态FePt薄膜都保持着良好的层状结构。在反射率曲线中，强度衰减率与薄膜的粗糙度有关，而Bragg峰位以及震荡周期与薄膜的厚度有关，因此根据Bragg峰的位置以及震荡周期就可以确定沉积态FePt薄膜的厚度。利用公式$q=4\pi\sin\theta/\lambda$将衍射角度θ转换为一个散射矢量，然后根据公式$d=2\pi/q$得到薄膜的厚度。通过计算得出沉积态FePt薄膜的厚度分别为5.25 nm、15.75 nm、32.48 nm和51.26 nm。

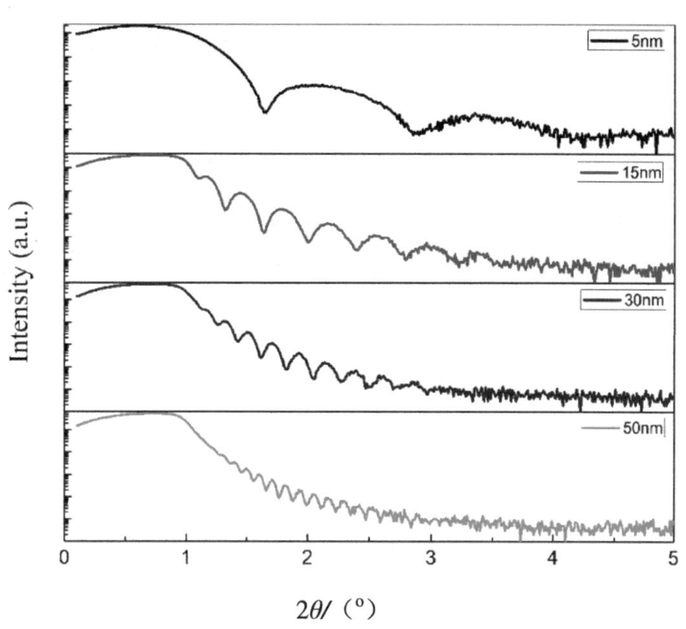

图5-1　沉积态FePt薄膜的反射率曲线图

用XRD技术对两种退火方式的$L1_0$-FePt薄膜样品进行晶体结构的表征，图5-2（a）和（b）分别为慢速退火和快速退火后不同厚度的$L1_0$-FePt薄膜X射线衍射图谱。结果显示，两种退火方式薄膜样品的X射线衍射图谱有很明显的差异。在图5-2（a）慢速退火薄膜样品的X射线衍射图谱中，可以看到不同厚度的样品均出现了超晶格衍射峰，说明发生了有序化转变。当薄膜厚度为5 nm时，只在2θ=24.02°和48.05°的位置观察到了{001}和{002}两个属于$L1_0$有序相的超晶格衍射峰。当厚度增加到15 nm时，在2θ=41.06°的位置出现了{111}衍射峰并且衍射强度大于{001}衍射峰。在厚度为30 nm的薄膜中，{111}衍射峰的强度继续增强，同时，在2θ=32.792°和47.254°的位置也相继出现{110}和{200}衍射峰。当厚度达到50 nm时，{110}、{111}和{200}衍射峰的衍射强度都有明显的增强。由此可见，随着薄膜厚度的增加，衍射峰的衍射强度也发生了改变，可以推断出薄膜内的纤维织构也发生了变化。

图5-2（b）是快速退火薄膜样品的X射线衍射图谱，可以看出不同厚度的薄膜样品均发生了有序化转变。在厚度为5 nm的薄膜样品中只存在{001}和{002}这两个超晶格衍射峰，这种结果与慢速退火的薄膜样品相似。当薄膜厚度为15 nm时，在X射线衍射图谱2θ=41.06°的位置开始出现{111}衍射峰，但其衍射峰强度远低于{001}衍射峰。随着薄膜厚度的继续增加，30 nm厚度的薄膜样品的X射线衍射图谱中，{111}衍射峰的强度有所增加，同时出现{200}衍射峰，但是{001}衍射峰的衍射强度仍然是最强的。在薄膜厚度为50 nm的薄膜样品中，{110}和{111}衍射峰的强度明显增强，但是{001}衍射峰仍然具有较大的衍射强度。

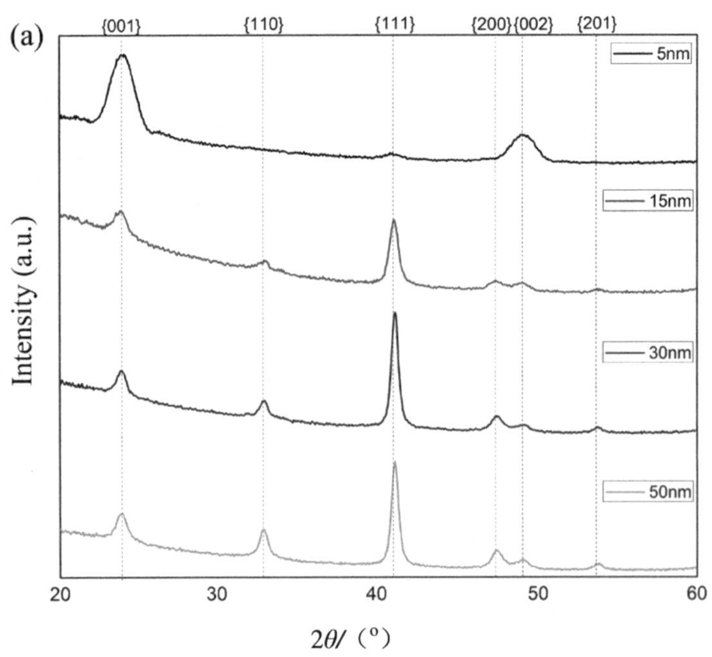

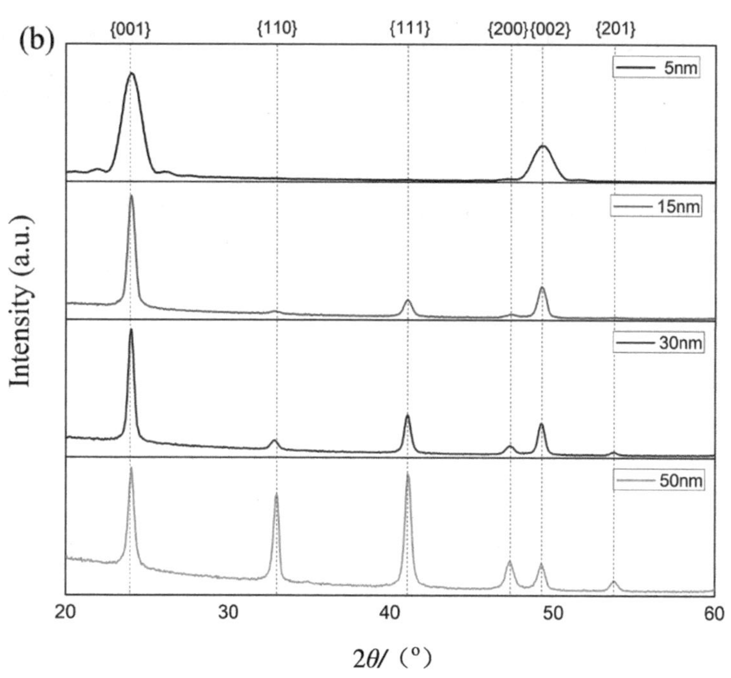

图5-2　不同厚度下$L1_0$-FePt薄膜的X射线衍射图谱

对比不同厚度的$L1_0$-FePt薄膜经过两种退火方式后的X射线衍射图谱，发现薄膜厚度为5 nm时，只有{001}和{002}衍射峰，但是随着薄膜厚度的增加，两种退火方式薄膜样品的XRD结果截然不同。在慢速退火的薄膜样品中，随着厚度的增加，{001}衍射峰的强度快速下降，而{111}衍射峰的强度明显增加；但是在快速退火的薄膜样品中，随着薄膜厚度的增加，{001}衍射峰的强度没有出现大幅的下降。比较两种退火方式的X射线衍射图谱可以看出，在薄膜厚度增加的过程中，{001}衍射峰的强度变化区别明显，这与薄膜样品在两种不同方式的退火过程中所表现出的不同的纤维织构变化规律有关。

两种不同退火方式的差异，造成退火后的$L1_0$-FePt薄膜表现出不同的X射线衍射强度。这是因为在退火过程中，由于薄膜材料与基底之间存在热膨胀系数差，使薄膜产生一定的热应变，FePt的热膨胀系数为 $10.5\times10^{-6}\ K^{-1}$，$SiO_2$的热膨胀系数为 $0.5\times10^{-6}\ K^{-1}$，Si的热膨胀系数为 $2.5\times10^{-6}\ K^{-1}$，可见FePt薄膜的热膨胀系数远大于SiO_2/Si基底，因此在加热过程中薄膜会受到基底的热压缩应变。研究表明，Si基底与FePt薄膜的光吸收能力存在显著差异，在快速加热的过程中，Si基底会吸收更多的光，从而导致Si基底的升温速度远远大于FePt薄膜，使基底的热膨胀程度大于FePt薄膜，在薄膜内引入了面内拉伸应变。根据本书5.3小节，在随炉升温慢速退火的过程中，薄膜内先发生晶粒的长大后又发生了有序化转变，同时加热速率慢会使得样品处于压缩应变状态，虽然面内压缩应变通过晶粒的长大而得到了部分缓解，但是薄膜内没有足够的面内拉伸应变，使得有序化转变过程中没有足够的驱动力来形成{001}纤维织构。而采用到温入炉的方式退火时，有序化转变与晶粒长大同时发生，并且样品的瞬时温度高，Si基底和FePt薄膜对光吸收能力的显著差异，促使薄膜一直处于面内拉伸应变的状态，因此FePt薄膜可以在具有面内拉伸应变的状态下发生有序化转变，为{001}纤维织构的形成提供驱动力，从而形成具有强{001}纤维织构的$L1_0$-FePt薄膜。综上分析可知，在FePt薄膜的有序化退火过程中，采用快速退火的方式会促进$L1_0$-FePt薄膜中{001}纤维织构的形成。

用XRD技术对不同方式退火后的$L1_0$-FePt薄膜的纤维织构进行定量表征，并计算了ODF，如图5-3和图5-4所示。通过对比可以看出，慢速退火下$L1_0$-FePt薄膜（图5-3）中{001}纤维织构的强度整体上均弱于快速退火下的$L1_0$-FePt薄膜（图5-4）。在慢速退火薄膜样品中，5 nm的薄膜具有最强的{001}纤维织构（织构强度为4），但是远低于快速退火下的5 nm薄膜样品（织构强度为13）。实验证明，快速退火处理更有利于增强$L1_0$-FePt薄膜的{001}纤维织构。同时也可以看出，$L1_0$-FePt薄膜内织构强度会随着厚度的增加而大幅减弱。

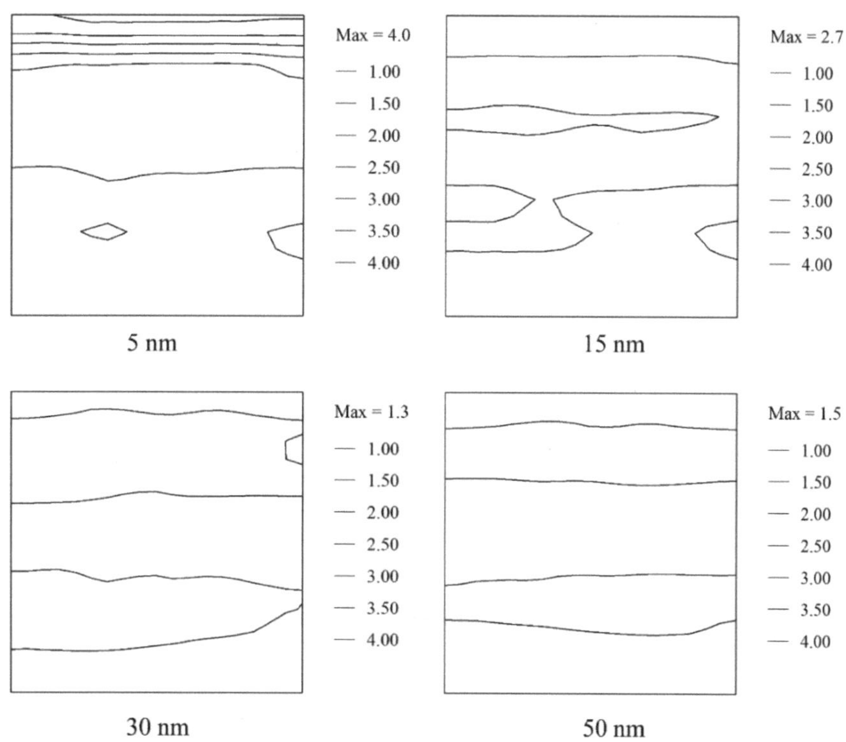

图5-3　慢速退火下不同厚度$L1_0$-FePt薄膜的ODF图

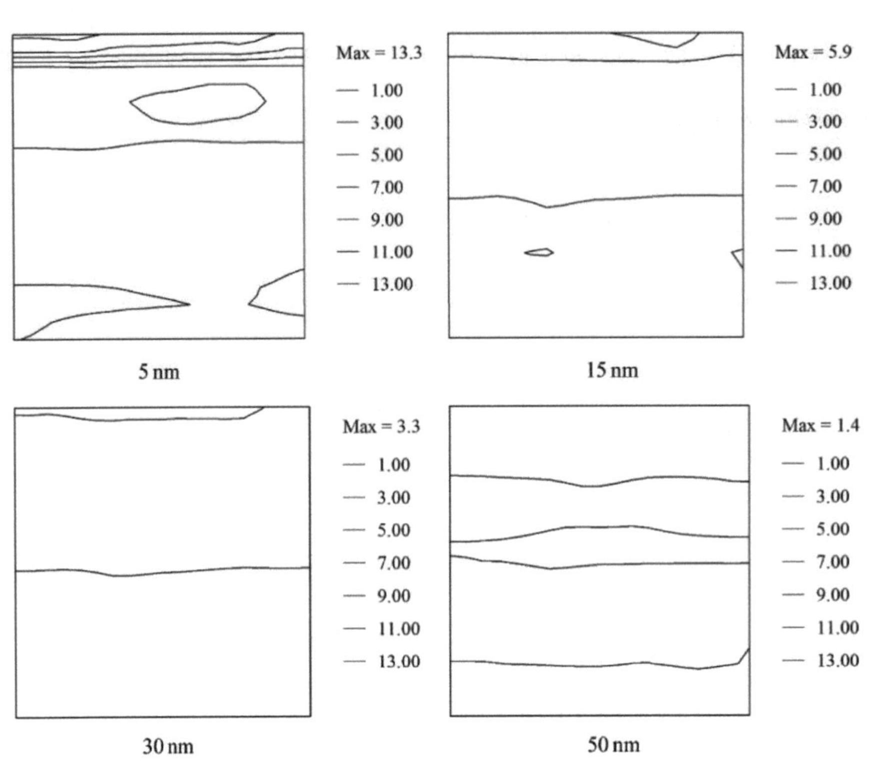

图5-4　快速退火下不同厚度$L1_0$-FePt薄膜的ODF图

对快速退火后的薄膜样品纤维织构进行分析：当薄膜厚度为5 nm时，{001}纤维织构最强，织构最高密度达到13.3；当厚度为15 nm时，{001}纤维织构开始大幅减弱，最高密度水平下降到6左右，降低了约50%；当厚度为30 nm时，{001}纤维织构的密度水平下降到3.3；而当厚度达到50 nm时，薄膜内{001}纤维织构的最大密度仅为1.4，即薄膜内不存在明显的{001}纤维织构。从ODF图中可以看出，薄膜厚度对{001}纤维织构的强度有很大的影响。随着厚度的增加，{001}纤维织构密度降幅明显，直至接近随机取向分布，这与其内部微观结构有很大的关系。

用PPMS对快速退火后的薄膜样品进行了磁性能的表征，如图5-5所示。图5-5（a）是5 nm退火态薄膜样品的磁滞回线图，从图中可以看出，垂直于薄膜表面方向的矫顽力远远大于水平方向，说明其具有高的垂直磁各向异性。随着薄膜厚度的增加，在水平方向的矫顽力越来越大，垂直磁各向异性越来越弱。当厚度达到50 nm时，垂直方向的磁化曲线与水平方向的近似，$L1_0$-FePt薄膜不再表现出垂直磁各向异性。结果表明，只有当$L1_0$-FePt薄膜具有强{001}纤维织构时，才会表现出垂直磁各向异性，{001}纤维织构的强度决定了$L1_0$-FePt薄膜磁性能的好坏，因此，在制备$L1_0$-FePt薄膜的过程中，对{001}纤维织构的控制显得尤为重要。

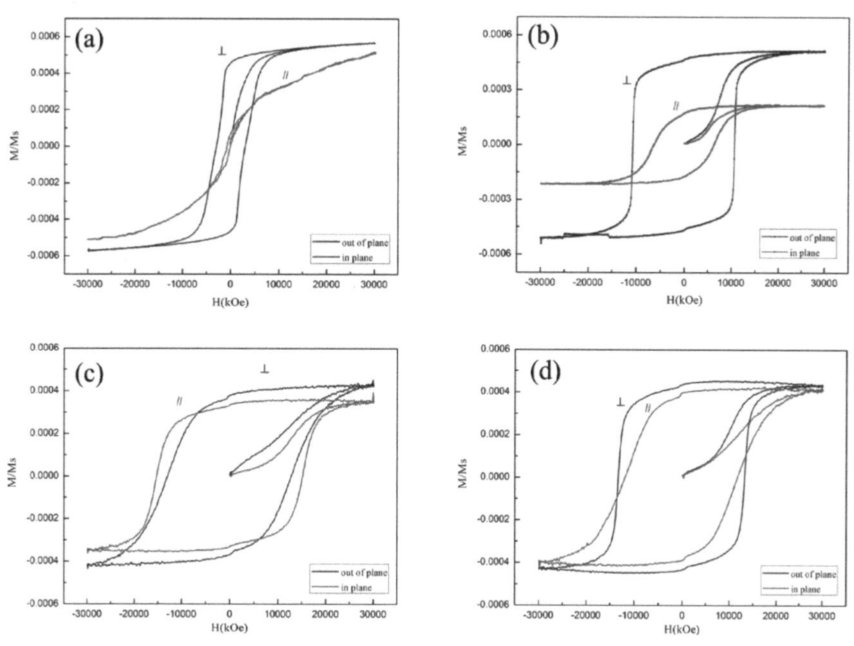

（a）—5 nm；（b）—15 nm；（c）—30 nm；（d）—50 nm

图5-5 快速退火下不同厚度$L1_0$-FePt薄膜的磁滞回线图

5.3 薄膜厚度对 $L1_0$-FePt 薄膜{001}纤维织构的影响

根据退火态$L1_0$-FePt薄膜的织构变化规律可知，薄膜厚度对{001}纤维织构的强度产生了剧烈的影响。由于FePt薄膜是沉积在非晶基底上的，薄膜中的晶粒不会沿着基底上某一个特定的方向外延生长而形成{001}纤维织构。当FePt薄膜厚度为5 nm时，其厚度为几个原子层，会受到SiO_2基底结合能的强烈作用，在Fe原子和Pt原子同时沉积在基底上时，Fe原子与基底中O原子悬挂键的结合能力大于Pt原子与O原子，使得在薄膜沉积过程中Fe原子优先被固定在了最底层。当退火温度达到有序化转变温度时，薄膜会以Fe/Pt/Fe/Pt的排列方式发生有序化转变，因此对{001}纤维织构的形成有一定的促进作用。另外，在薄膜厚度很小的情况下，表面能也会对织构的形成起到较大的作用。以表面能最小化作为纤维织构形成最主要的驱动力时，$L1_0$-FePt薄膜应该形成强的{111}纤维织构。但是在600 °C退火条件下，薄膜表现出了极强的{001}纤维织构，说明此时应变能最小化对纤维织构的形成起主导作用。图5-6是厚度为5 nm的沉积态FePt薄膜的表面三维形貌，可以看出薄膜表面粗糙度很小，没有出现岛状颗粒和沟槽，为连续结构，说明整个薄膜受到基体的约束，在退火的过程中晶粒长大与有序化转变同时发生，薄膜面内产生了很强的拉伸应变，从而为{001}纤维织构的形成提供了强大的驱动力。

图5-6　沉积态5 nm厚的FePt薄膜的三维表面形貌图

但是随着薄膜厚度的增加，一方面，SiO_2/Si基底与薄膜的结合能作用开始减弱，另一方面，厚度增加也可能会造成薄膜内微观结构的变化。因此，利用TEM观察了快速退火后不同厚度$L1_0$-FePt薄膜截面的生长形貌与微观结构。图5-7是厚度分别为5 nm、15 nm、30 nm的退火态薄膜的生长形貌图以及对应的高分辨透射电子显微镜照片。从图5-7（a）和（b）中可以清楚地看到，当薄膜厚度为5 nm时，膜内保持着良好的界面结构，层与层之间没有出现位错和层错等缺陷，晶粒沿着{001}面向上生长。当薄膜厚度为15 nm时，界面处开始出现孪晶，如图5-7（c）和（d）所示。随着厚度的进一步增加，30 nm退火态薄膜的孪晶结构被稳定地保留了下来，如图5-7（e）和（f）所示。从TEM的观察结果可以看出，当薄膜厚度在15 nm以上时，薄膜样品中出现了孪晶，是导致其{001}纤维织构减弱的主要原因。

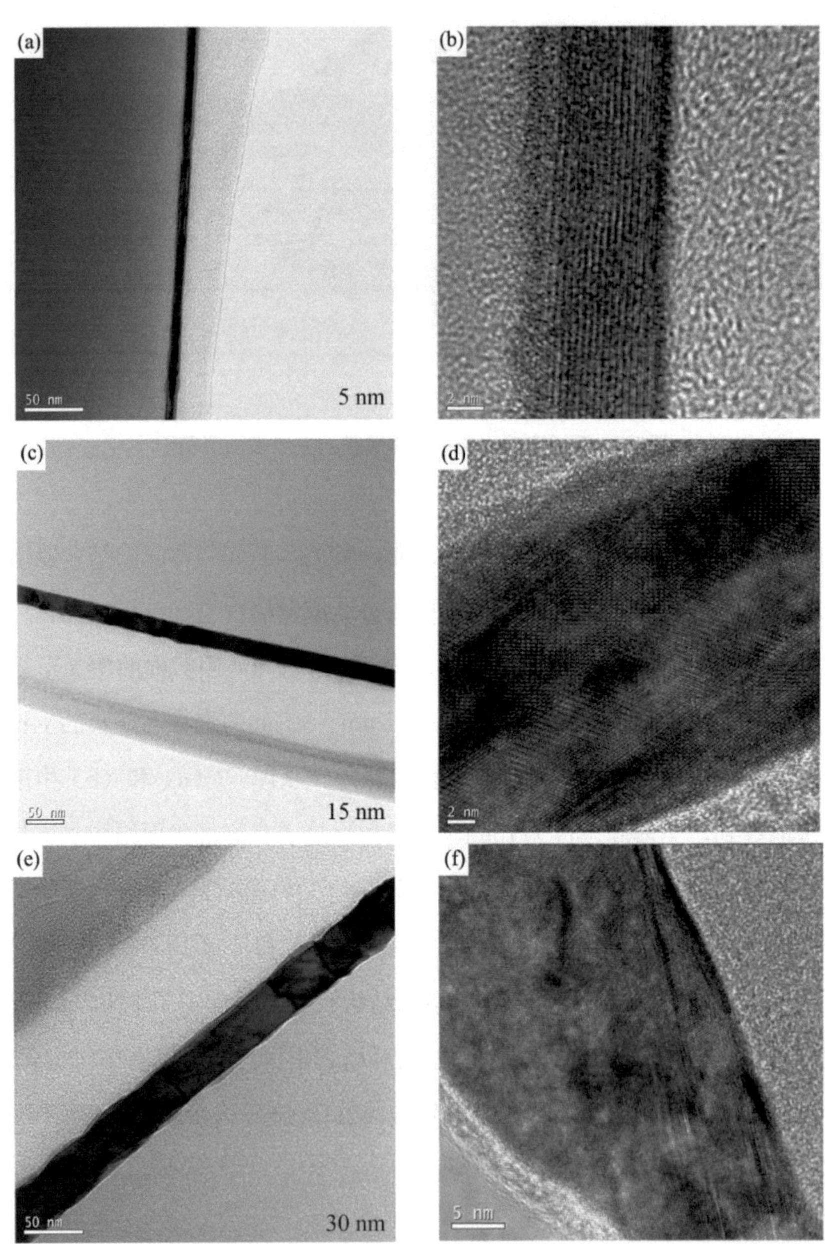

图5-7 不同厚度退火态$L1_0$-FePt薄膜的生长形貌及高分辨透射电子显微镜照片

图5-8是15 nm厚度快速退火下薄膜样品的孪晶微观结构。其中，对图5-8（a）中白色方框区域进行了傅里叶变换得到了选区电子衍射花样，对衍射花样进行标定后证明该处界面为{111}孪晶界，界面结构如图5-8（b）所示。从图5-8（d）中可以看出，孪晶界从基底开始贯穿整个薄膜，这是因为随着薄膜厚度的增加，晶粒尺寸变大，并在晶粒长大的过程中相互挤压，在晶粒内部产生了应力。与此同时，整个薄膜样品在退火过程中也会产生大的内应力，当薄膜中的晶粒通过大角度晶界迁移而长大时，在应力的作用下，晶界交界处{111}面的堆垛次序发生了错排而形成层错，由于共格孪晶界的界面能小于晶界能，层错就稳定了下来并形成了孪晶。而孪晶的出现显著降低了薄膜的应变能，减少了{001}纤维织构形成的驱动力，造成了{001}纤维织构的弱化。

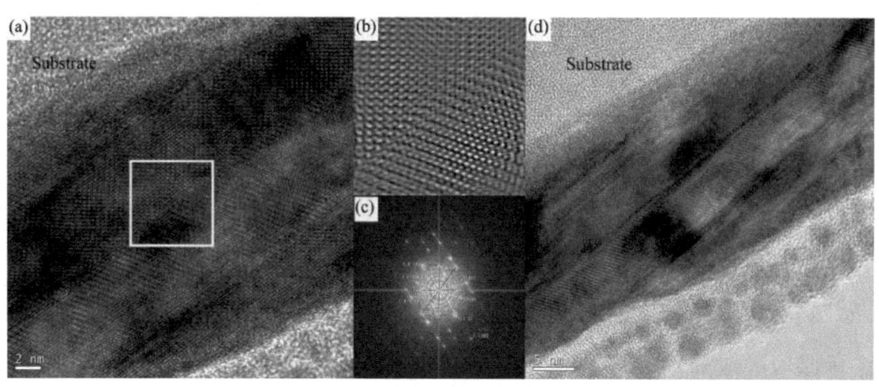

图5-8　15nm 厚度$L1_0$-FePt薄膜快速退火条件下孪晶的微观结构图

综上所述，在随炉升温慢速退火和到温入炉快速退火两种方式下，得到沉积在非晶态SiO_2/Si基底上的不同厚度$L1_0$-FePt薄膜中{001}纤维织构的演化规律，发现退火方式和薄膜厚度对$L1_0$-FePt薄膜中{001}纤维织构的形成具有强烈的影响。结果表明，快速退火会显著增强$L1_0$-FePt薄膜中的{001}

纤维织构。其中，当薄膜厚度为5 nm时，$L1_0$-FePt薄膜内{001}纤维织构的强度最大，但是当薄膜厚度超过15 nm时，薄膜中开始出现了孪晶，造成{001}纤维织构强度的严重降低。因此，在非晶态SiO_2/Si基底上制备$L1_0$-FePt薄膜的过程中，快速退火方式能够保证薄膜处于面内拉伸应变的状态，控制薄膜厚度可以降低孪晶出现的概率，是得到具有强{001}纤维织构$L1_0$-FePt薄膜的关键。

5.4 本章小结

本章研究了随炉升温慢速退火和到温入炉快速退火两种方式对$L1_0$-FePt薄膜{001}纤维织构的影响，结果表明，在慢速退火和快速退火方式下的$L1_0$-FePt薄膜{001}纤维织构的强度存在明显的差别，采用快速退火可以大幅增强$L1_0$-FePt薄膜的{001}纤维织构。

薄膜厚度对$L1_0$-FePt薄膜中{001}纤维织构的形成具有强烈的影响，当厚度在5 nm时，$L1_0$-FePt薄膜具有很强的{001}纤维织构，此时薄膜的界面结构十分完整。但随着厚度的逐渐增加，当薄膜厚度为15 nm时，在生长方向开始出现孪晶，孪晶的出现一方面松弛了薄膜内的应力，另一方面使薄膜内晶粒的取向发生了改变，从而导致{001}纤维织构的强度开始弱化。当薄膜厚度达到50 nm时，{001}纤维织构消失，$L1_0$-FePt薄膜接近随机取向。

通过调整薄膜样品的退火方式并控制薄膜厚度，成功地在非晶态SiO_2/Si基底上制备出了具有强{001}纤维织构的$L1_0$-FePt薄膜。在非晶态SiO_2/Si基底上制备$L1_0$-FePt薄膜的过程中，提高有序化退火过程中的升温速率，并降低薄膜内孪晶出现的频率，是增强{001}纤维织构的有效手段。

参 考 文 献

[1] O' Grady K， Laidler H. The limits to magnetic recording-media considerations[J]. Journal of Magnetism and Magnetic Materials，1999，200（1/2/3）：616-633.

[2] 蔡吴鹏，史迹，中村吉男，等. 下一代高密度磁记录介质：$L1_0$-FePt、CoPt研究进展 [J]. 金属功能材料，2012，19（5）：26-32.

[3] Richter H J，Dobin A Y. Angle effects at high-density magnetic recording [J]. Journal of Magnetism and Magnetic Materials，2005，287（287）：41-50.

[4] Dobin A Y，Richter H J. Domain wall assisted magnetic recording [J]. Applied Physics Letters，2006，89（6）：062512.

[5] Suess D. Multilayer exchange spring media for magnetic recording [J]. Applied Physics Letters，2006，89（11）：113105.

[6] Richter H J，Dobin A Yu. Analysis of magnetization processes in composite media grains [J]. Journal of Applied Physics，2006，99（8）：08Q905.

[7] Perumal A，Takahashi Y K，Seki T O，et al. Particulate structure of $L1_0$ ordered ultrathin FePt films for perpendicular recording [J]. Applied Physics Letters，2008，92（13）：132508.

[8] Suzuki T，Yanase S，Honda N，et al. Recording characteristics of ordered Fe-Pt high-density perpendicular magnetic recording media [J]. Journal of Magnetics Society of Japan，1999（4/2）：957-960.

[9] 李宝河，冯春，于广华. 高磁晶各向异性磁记录薄膜材料 [M]. 北京：冶金工业出版社，2012.

[10] Judy J H. Past，present，and future of perpendicular magnetic recording [J]. Journal of Magnetism and Magnetic Materials，2001，235（1）：235-240.

[11] 田民波. 磁性材料 [M]. 北京：清华大学出版社，2001.

[12] Tanaka M，Kaneeda T，Yokoi R，et al. Magnetic recording：advancing into the future [J]. Journal of Physics D：Applied Physics，2002，35（19）：157-167.

[13] Iwasaki S，Takemura K. An analysis for the circular mode of magnetization in short wavelength recording [J]. IEEE Transactions on Magnetics，1975，11（5）：1173-1175.

[14] Wood R，Sonobe Y，Jin Z，et al. Perpendicular recording：the promise and the problems [J]. Journal of Magnetism and Magnetic Materials，2001，235（1）：1-9.

[15] Rottmayer R E，Batra S，Buechel D，et al. Heat-assisted magnetic recording [J]. IEEE Transactions on Magnetics，2006，42（10）：2417-2421.

[16] Challener W A，Peng C，Itagi A V，et al. Heat-assisted magnetic recording by a near-field transducer with efficient optical energy transfer [J]. Nature Photonics，2009，96（4）：190-191.

[17] Wu H，Xiong S，Canchi S，et al. Nanoscale heat transfer in the head-disk

interface for heat assisted magnetic recording [J]. Applied Physics Letters，2016，108（9）：093106.

[18] Kryder M H，Gage E C，Mcdaniel T W，et al. Heat assisted magnetic recording [J]. Proceedings of the IEEE，2008，96（11）：1810-1835.

[19] Ng K W，Leong S H，Yuan Z，et al. Heat assisted magnetic recording by combined field emission and moderate ionization in air [J]. Applied Physics Letters，2007，91（17）：172511.

[20] Weller D，Moser A，Folks L，et al. High K_u materials approach to 100 Gbits/in^2 [J]. IEEE Transactions on Magnetics，2000，36（1）：10-15.

[21] Wood R. The feasibility of magnetic recording at 1 Terabit per square inch [J]. IEEE Transactions on Magnetics，2000，36（1）：36-42.

[22] Piramanayagam S N，Srinivasan K. Recording media research for future hard disk drives [J]. Journal of Magnetism and Magnetic Materials，2009，321（6）：485-494.

[23] Sun S，Murray C B，Weller D，et al. Monodisperse FePt nanoparticles and ferromagnetic FePt nanocrystal superlattices [J]. Science，2000，31（27）：1989-1992.

[24] Massalski T B，Murray J L，Bennett L H，et al. Binary alloy phase diagrams [M]. Russell：American Society for Metals，1990.

[25] Laughlin D E，Srinivasan K，Tanase M，et al. Crystallographic aspects of $L1_0$ magnetic materials [J]. Scripta Materialia，2005，53（4）：383-388.

[26] Kisker E，Wassermann E F，Carbone C. Evidence for the high-spin to low-spin state transition in ordered Fe_3Pt Invar [J]. Physical Review letters，1987，58（17）：1784-1787.

[27] Daalderop G H，Kelly P J，Schuurmans M F，et al. Magnetocrystalline anisotropy and orbital moments in transition-metal compounds [J]. Physical Review B，1991，44（21）：12054-12057.

[28] Solovyev I V，Dederichs P H，Mertig I. Origin of orbital magnetization and magneto crystalline anisotropy in TX ordered alloys （where T=Fe，Co and X=Pd，Pt） [J]. Physical Review B，1995，52（18）：13419-13428.

[29] Shick A B，Mryasov O N. Coulomb correlations and magnetic anisotropy in ordered $L1_0$-CoPt and FePt alloys [J]. Physical Review B，2002，67（17）：386-393.

[30] Kuo C M，Kuo P C，Wu H C，et al. Magnetic hardening mechanism study in FePt thin films [J]. Journal of Applied Physics，1999，85（8）：4886-4888.

[31] Kuo C M，Kuo P C，Wu H C. Microstructure and magnetic properties of $Fe_{100-x}Pt_x$ alloy films [J]. Journal of Applied Physics，1999，85（4）：2264-2269.

[32] Visokay M R，Sinclair R. Direct formation of ordered CoPt and FePt compound thin films by sputtering [J]. Applied Physics Letters，1995，66（13）：1692-1694.

[33] Victora R H，Senanan K，Xue J. Areal density limits for perpendicular magnetic recording [J]. IEEE Transactions on Magnetics，2002，38（5）：1886-1891.

[34] Zhang L，Takahashi Y K，Perumal A，et al. $L1_0$-ordered high coercivity（FePt）Ag-C granular thin films for perpendicular recording [J]. Journal of Magnetism and Magnetic Materials，2010，322（18）：2658-2664.

[35] You C Y，Takahashi Y K，Hono K. Particulate structure of FePt thin films enhanced by Au and Ag alloying [J]. Journal of Applied Physics，2006，100（5）：056105.

[36] Kuo P C，Yao Y D，Kuo C M，et al. Microstructure and magnetic properties of the （FePt）$_{100-x}Cr_x$ thin films [J]. Journal of Applied Physics，2000，87（9）：6146-6148.

[37] Chen S K，Yuan F T，Chang W C，et al. Magnetic properties of FePt and $Fe_{50}Pt_{50-x}Nb_x$（x=0.00，0.83，1.31，2.05） thin films [J]. Journal of Magnetism and Magnetic Materials，2002，239（1）：471-474.

[38] Lee S R，Yang S，Kim Y K，et al. Rapid ordering of Zr-doped FePt alloy films [J]. Applied Physics Letters，2001，78（25）：4001-4003.

[39] Chen J S，Lim B C，Ding Y F，et al. Granular $L1_0$ FePt-X （X=C，TiO_2，Ta_2O_5） {001} nanocomposite films with small grain size for high density magnetic recording [J]. Applied Physics，2009，105（7）：07B702.

[40] Perumal A，Ko H S，Shin S C. Perpendicular thin films of carbon-doped FePt for ultrahigh-density magnetic recording media [J]. IEEE Transactions on Magnetics，2003，39（5）：2320-2322.

[41] Watanabe M，Masumoto T，Ping D H，et al. Microstructure and magnetic properties of FePt-Al-O granular thin films [J]. Applied Physics Letters，2000，76（26）：3971-3973.

[42] Ding Y F，Chen J S，Lim B C，et al. Granular $L1_0$ FePt：TiO_2 {001} nanocomposite thin films with 5 nm grains for high density magnetic recording [J]. Applied Physics Letters，2008，93（3）：032506.

[43] Farrow R F C，Weller D，Marks R F，et al. Magnetic anisotropy and

microstructure in molecular beam epitaxial FePt （110）/MgO （110） [J]. Journal of Applied Physics，1998，84（2）：934-939.

[44] Casoli F，Nasi L，Albertini F，et al. Morphology evolution and magnetic properties improvement in FePt epitaxial films by in situ annealing after growth [J]. Journal of Applied Physics，2008，103（4）：043912.

[45] Shimada Y，Sakurai T，Miyazaki T，et al. Fabrication of two-dimensional assembly of $L1_0$ FePt particles [J]. Journal of Magnetism and Magnetic Materials，2003，262（2）：329-338.

[46] Wu Y C，Wang L W，Lai C H，et al. Control of microstructure in {001} -orientated FePt-SiO_2 granular films [J]. Journal of Applied Physics，2008，103（7）：07E140.

[47] Wu Y C，Wang L W，Lai C H. Low-temperature ordering of {001} granular FePt films by inserting ultrathin SiO_2 layers [J]. Applied Physics Letters，2007，91（7）：072502.

[48] Wu Y C，Wang L W，Rahman M T，et al. Evolution of granular to particulate structure of {001} FePt on amorphous substrates （invited） [J]. Journal of Applied Physics，2008，103（7）：E7126.

[49] Wang L W，Wu Y C，Lai C H. Ultrahigh-density {001}-oriented FePt nanoparticles by atomic-scale-multilayer deposition [J]. Journal of Applied Physics，2009，105（7）：07A713.

[50] Endo Y，Kikuchi N，Kitakami O，et al. Lowering of ordering temperature for fct Fe-Pt in Fe/Pt multilayers [J]. Journal of Applied Physics，2001，89（11）：7065-7067.

[51] Platt C L，Wierman K W，Svedberg E B，et al. $L1_0$ ordering and

microstructure of FePt thin films with Cu，Ag，and Au additive [J]. Journal of Applied Physics，2002，92（10）：6104-6109.

[52] Takahashi Y K，Ohnuma M，Hono K. Effect of Cu on the structure and magnetic properties of FePt sputtered film [J]. Journal of Magnetism and Magnetic Materials，2002，246（1）：259-265.

[53] Maeda T，Kai T，Kikitsu A，et al. Reduction of ordering temperature of an FePt: ordered alloy by addition of Cu [J]. Applied Physics Letters，2002，80（12）：2147-2149.

[54] Yan Q，Kim T，Purkayastha A，et al. Enhanced chemical ordering and coercivity in FePt alloy nanoparticles by sb-doping[J]. Advanced Materials，2005，36（17）：2233-2237.

[55] Wu Y C，Wang L W，Chiang C C，et al. Controlling stress and diffusion for the low-temperature-ordering of $L1_0$ ordered FePt films [J]. JOM，2009，61（1）：84-88.

[56] Chiang C C，Lai C H，Wu Y C. Low-temperature ordering of $L1_0$ FePt by PtMn underlayer [J]. Applied Physics Letters，2006，88（15）：152508.

[57] Zhu Y，Cai J W. Low-temperature ordering of FePt thin films by a thin AuCu underlayer [J]. Applied Physics Letters，2005，87（3）：032504.

[58] Yang F J，Wang H，Wang H B，et al. Low-temperature ordering and enhanced coercivity of $L1_0$-FePt thin films with Al underlayer [J]. Applied Surface Science，2011，257（8）：3216-3219.

[59] Xu X H，Wu H S，Wang F，et al. The effect of Ag and Cu underlayer on the $L1_0$ ordering FePt thin films [J]. Applied Surface Science，2004，233（1）：1-4.

[60] Chen J S，Lim B C，Ding Y F，et al. Low-temperature deposition of $L1_0$ FePt films for ultra-high density magnetic recording [J]. Journal of Magnetism and Magnetic Materials，2006，303（2）：309-317.

[61] Xu Y，Chen J S，Wang J P. In situ ordering of FePt thin films with face-centered-tetragonal {001} texture on Cr_xRu_{1-x} underlayer at low substrate temperature [J]. Applied Physics Letters，2002，80（18）：3325-3327.

[62] Chen J S，Lim B C，Hu J F，et al. Low temperature deposited $L1_0$ FePt-C {001} films with high coercivity and small grain size [J]. Applied Physics Letters，2007，91（13）：132506.

[63] Lim B C，Chen J S，Hu J F，et al. Improvement of chemical ordering of FePt {001} oriented films by MgO buffer layer [J]. Journal of Applied Physics，2008，103（7）：E7143.

[64] Feng C，Li B H，Han G，et al. Low-temperature ordering and enhanced coercivity of $L1_0$-FePt thin film promoted by a Bi underlayer [J]. Applied Physics Letters，2006，88（23）：232109.

[65] Wen W C，Chepulskii R V，Wang L W，et al. Accelerating disorder-order transitions of FePt by preforming a metastable AgPt phase [J]. Acta Materialia，2012，60（20）：7258-7264.

[66] Takahashi Y K，Hono K. On low-temperature ordering of FePt films [J]. Scripta Materialia，2005，53（4）：403-409.

[67] Wang H Y，Mao W H，Sun W B，et al. High coercivity and small grains of FePt films annealed in high magnetic fields [J]. Journal of Physics D Applied Physics，2006，39（9）：1749-1753.

[68] Konagai T，Kitahara Y，Itoh T，et al. Perpendicular anisotropy of MBE-

grown FePt-Ag granular films [J]. Journal of Magnetism and Magnetic Materials，2007，310（2）：2662-2664.

[69] Shen W K，Judy J H，Wang J P. In situ epitaxial growth of ordered FePt {001} films with ultra small and uniform grain size using a RuAl underlayer [J]. Journal of Applied Physics，2005，97（10）：10H301.

[70] Zeng H，Yan M L，Powers N，et al. Orientation-controlled nonepitaxial $L1_0$ CoPt and FePt films [J]. Applied Physics Letters，2002，80（13）：2350-2352.

[71] Yan M L，Powers N，Sellmyer D J. Highly oriented nonepitaxially grown $L1_0$ FePt films [J]. Journal of Applied Physics，2003，93（10）：8292-8294.

[72] Shao Y，Yan M L，Sellmyer D J. Effects of rapid thermal annealing on nanostructure，texture and magnetic properties of granular FePt：Ag films for perpendicular recording （invited） [J]. Journal of Applied Physics，2003，93（10）：8152-8154.

[73] Yan M L，Zeng H，Powers N，et al. $L1_0$ {001} -oriented FePt：B_2O_3 composite films for perpendicular recording [J]. Journal of Applied Physics，2002，91（10）：8471-8473.

[74] George T A，Li Z，Yan M，et al. Nanostructure and magnetic properties of $L1_0$ FePt：X films [J]. Journal of Applied Physics，2008，103（7）：07D502.

[75] Kim J S，Koo Y M，Shin N. The effect of residual strain on {001} texture evolution in FePt thin film during post annealing [J]. Journal of Applied Physics，2006，100（9）：093909.

[76] Kim J S，Koo Y M，Lee B J，et al. The origin of {001} texture evolution

in FePt thin films on amorphous substrates [J]. Journal of Applied Physics, 2006, 99 (5): 053906.

[77] Ichitsubo T, Tojo S, Uchihara T, et al. Mechanism of c-axis orientation of $L1_0$ FePt in nanostructured Fe Pt/B_2O_3 thin films [J]. Physical Review B, 2008, 77 (9): 532-543.

[78] Numata Y, Itabashi A, Ohtake M, et al. Structural characterization of FePd, FePt, and CoPt alloy thin films epitaxially grown on {001} surface of different single-crystal materials [J]. IEEE Transactions on Magnetics, 2014, 50 (1): 1-4.

[79] Dong K F, Jin F, Mo W Q, et al. Investigation of microstructure and magnetic properties of FePt films grown on different substrates [J]. Materials Letters, 2016, 164: 97-103.

[80] Rasmussen P, Rui X, Shield J E. Texture formation in FePt thin films via thermal stress management [J]. Applied Physics Letters, 2005, 86 (19): 1915.

[81] Hsiao S N, Liu S H, Chen S K, et al. Direct evidence for stress-induced {001} anisotropy of rapid-annealed FePt thin films [J]. Applied Physics Letters, 2012, 100 (26): 261909.

[82] Albrecht M, Brombacher C. Rapid thermal annealing of FePt and FePt/Cu thin films [J]. Physica Status Solidi A, 2013, 210 (7): 1272-1281.

[83] Brombacher C, Schubert C, Neupert K, et al. Influence of annealing time on structural and magnetic properties of rapid thermally annealed FePt films [J]. Journal of Physics D: Applied Physics, 2011, 44 (35): 355001.

[84] Hsiao S N, Liu S H, Chen S K, et al. Effect of intrinsic tensile stress on

{001} orientation in $L1_0$ FePt thin films on glass substrates [J]. Journal of Applied Physics，2012，111（7）：07A702.

[85] Liu S H，Hsiao S N，Chou C L，et al. Atomically flat surface of {001} textured FePt thin films by residual stress control [J]. Applied Surface Science，2015，354：201-205.

[86] 田民波，李正操. 薄膜技术与薄膜材料[M]. 北京：清华大学出版社，2011.

[87] 杨邦朝，王文生. 薄膜物理与技术[M]. 成都：电子科技大学出版社，1994.

[88] 王恩哥. 薄膜生长中的表面动力学[J]. 物理学进展. 2003（1）：1-61.

[89] Thornton J A. High rate thick film growth[J]. Annual Review of Materials Science，1977，7（1）：239-260.

[90] Milton O. Materials science of thin films[M]. New York：Academic Press，2001.

[91] Thompson C V，Carel R. Texture development in polycrystalline thin films[J]. Materials Science and Engineering：B，1995，32（3）：211-219.

[92] Chason E，Mayer T M. Thin film and surface characterization by specular X-ray reflectivity[J]. Critical Reviews in Solid State and Materials Sciences，1997，22（1）：1-67.

[93] Mitsunaga T. X-ray thin-film measurement techniques V. X-ray reflectivity measurement[J]. The Rigaku Journal，2010，26（2）：45-67.

[94] 周玉. 材料分析方法[M]. 北京：机械工业出版社，2004.

[95] 毛卫民，杨平，陈冷. 材料织构分析原理与检测技术[M]. 北京：冶金工业出版社，2008.

[96] 梁志辉，陈舰. 原子力显微镜在纳米材料表面形貌及粒度的研究[J]. 广东化工，2011（4）：103-105.

[97] Mei J K，Yuan F T，Liao W M，et al. Critical thickness of {001} texture induction in FePt thin films on glass substrates [J]. IEEE Transactions on Magnetics，2011，47（10）：3633-3636.

[98] Maksoud T，Gadelmawla E S，Koura M M，et al. Roughness parameters [J]. Journal of Materials Processing Technology，2002，123：133-145.

[99] Windover D，Barnet E，Summers J，et al. Development of an in-line X-ray reflectivity technique for metal film thickness measurement [C]. American Institute of Physics，2001：243-248.

[100] Suzuki T，Muraoka H，Nakamura Y，et al. Design and recording properties of Fe-Pt perpendicular media [J]. IEEE Transactions on Magnetics，2003，39（2）：691-696.

[101] Suzuki T，Harada K，Honda N，et al. Preparation of ordered Fe-Pt thin films for perpendicular magnetic recording media [J]. Journal of Magnetism and Magnetic Materials，1999，193（1）：85-88.

[102] Pierce M，Davies J，Turner J，et al. Influence of structural disorder on magnetic domain formation in perpendicular anisotropy thin films [J]. Physical Review B，2013，87（18）：1853-1865.

[103] Mi S，Liu R，Li Y，et al. Effect of sputter pressure on magnetotransport properties of FePt nanocomposites [J]. Journal of Magnetism and Magnetic Materials，2016，403：14-17.

[104] Dong K F，Jin F，Mo W Q，et al. Improvement of isolation and grain size of FePt-SiN_x-C films with TiON intermediate layer [J]. Journal of

Alloys and Compounds，2016，662：138-142.

[105] Estrin Y，Gottstein G，Shvindlerman L S. Thermodynamic effects on the kinetics of vacancy-generating processes [J]. Acta Materialia，1999，47（13）：3541-3549.

[106] Estrin Y，Gottstein G，Rabkin E，et al. Grain growth in thin metallic films [J]. Acta Materialia，2001，49（4）：673-681.

[107] Pahlke P，Sieger M，Chekhonin P，et al. Local orientation variations in YBCO films on technical substrates-A combined SEM and EBSD study [J]. IEEE Transactions on Applied Superconductivity，2016，26（3）：7201505.

[108] Kumar A，Law F，Dalapati G K，et al. Synthesis and characterization of large-grain solid-phase crystallized polycrystalline silicon thin films [J]. Journal of Vacuum Science and Technology A，2014，32（6）：061509.

[109] Barmak K，Kim J，Berry D C，et al. Calorimetric studies of the A1 to $L1_0$ transformation in binary FePt thin films with compositions in the range of 47.5-54.4 at. % Fe [J]. Journal of Applied Physics，2005，97（2）：4902.

[110] Zhang L，Takahashi Y K，Perumal A，et al. $L1_0$-ordered high coercivity（FePt）Ag-C granular thin films for perpendicular recording [J]. Journal of Magnetism and Magnetic Materials，2010，322（18）：2658-2664.

[111] Inoue K，Shima H，Fujita A，et al. Temperature dependence of magnetocrystalline anisotropy constants in the single variant state of $L1_0$-type FePt bulk single crystal [J]. Applied Physics Letters，2006，88（10）：102503.

[112] Dubowik J. Shape anisotropy of magnetic heterostructures [J]. Physical

Review B，1996，54（2）：1088-1091.

[113] Chen C. Fabrication and characterization of thin films with perpendicular magnetic anisotropy for high-density magnetic recording [J]. Journal of Materials Science，1991，26（12）：3125-3153.

[114] Xu K，Schreiber D K，Li Y，et al. Effect of defects，magneto crystalline anisotropy，and shape anisotropy on magnetic structure of iron thin films by magnetic force microscopy [J]. AIP Advances，2017，7（5）：056806.

[115] Hillert M. On the theory of normal and abnormal grain growth [J]. Acta Metallurgica，1965，13（3）：227-238.

[116] Kushida A，Tanaka K，Numakura H. Chemical diffusion in $L1_0$-ordered FePt [J]. Materials Transactions，2003，44（1）：59-62.

[117] Admon U，Dahan I，Dariel M P，et al. Copper grain growth in thin film Cu-Cr multilayers [J]. Thin Solid Films，1994，251（2）：105-109.

[118] Li J，Yu Z，Sun K，et al. Grain growth kinetics and magnetic properties of NiZn ferrite thin films [J]. Journal of Alloys and Compounds，2012，513：606-609.

[119] Lu L，Tao N R，Wang L B，et al. Grain growth and strain release in nanocrystalline copper [J]. Journal of Applied Physics，2001，89（11）：6408-6414.

[120] Zhang J，Xie J，Wang Y，et al. Origin of {001} orientation and superlattice structure identification in $L1_0$-FePt/B_4C multilayer thin films [J]. Applied Surface Science，2015，359：469-473.

[121] Li X H，Liu B T，Li W，et al. Atomic ordering kinetics of FePt thin films：nucleation and growth of $L1_0$ ordered domains [J]. Journal of Applied

Physics，2007，101（9）：093911.

[122] Kissinger H E. Reaction kinetics in differential thermal analysis [J]. Analytical Chemistry，1957，29（11）：1702-1706.

[123] Kang K，Zhang Z G，Papusoi C，et al. Composite nanogranular films of FePt-MgO with {001} orientation onto glass substrates [J]. Applied Physics Letters，2004，84（3）：404-406.

[124] Weisheit M，Schultz L，Fähler S. Textured growth of highly coercive $L1_0$ ordered FePt thin films on single crystalline and amorphous substrates [J]. Journal of Applied Physics，2004，95（11）：7489-7491.

[125] Shima T，Moriguchi T，Mitani S，et al. Low-temperature fabrication of $L1_0$ ordered FePt alloy by alternate monatomic layer deposition [J]. Applied Physics Letters，2002，80（2）：288-290.

[126] Liu L，Lv H，Sheng W，et al. Orientation control in $L1_0$ FePt films by using magnetic field annealing around Curie temperature [J]. Applied Surface Science，2012，258（15）：5770-5773.

[127] Ishio S，Narisawa T，Takahashi S，et al. $L1_0$ FePt thin films with [001] crystalline growth fabricated by SiO_2 addition-rapid thermal annealing and dot patterning of the films [J]. Journal of Magnetism and Magnetic Materials，2012，324（3）：295-302.

[128] Thompson C V，Carel R. Texture development in polycrystalline thin films [J]. Materials Science and Engineering B，1995，32（3）：211-219.

[129] Bert W. Stress development in $FeAl_8$ thin films during heat treatment [J]. Thin Solid Films，2000，370（1）：315-320.

[130] Welzel U，Fréour S，Mittemeijer E J. Direction-dependent elastic grain-

interaction models：a comparative study [J]. Philosophical Magazine，2005，85（21）：2391-414.

[131] Reuss A. Berechnung der Fließgrenze von Mischkristallen auf Grund der Plastizitätsbedingung für Einkristalle [J]. ZAMM Journal of Applied Mathematics and Mechanics，1929，9（1）：49-58.

[132] Voigt W. Lehrbuch der Kristallphysik. （Mit Ausschluß Kristalloptik.） [M]. Leipzig：B.G. Teubner，1999.

[133] Hill R. The elastic behaviour of a crystalline aggregate [J]. Proceedings of the Physical Society，1952，65（5）：349-354.

[134] Noyan I C，Cohen J B. Residual stress：measurement by diffraction and interpretation [M]. New York：Springer Verlag，1987.

[135] Bunge H J. Texture-The key to physics in polycrystalline matter [J]. Materials Science Forum，1998（273/274/275）：3-14.

[136] Müller M，Erhart P，Albe K. Thermodynamics of $L1_0$ ordering in FePt nanoparticles studied by Monte Carlo simulations based on an analytic bond-order potential [J]. Physical Review B，2007，76（15）：155412.

[137] Suter U W，Eichinger B E. Estimating elastic constants by averaging over simulated structures [J]. Polymer，2002，43（2）：575-582.

[138] 毛卫民，陈楠. CVD金刚石薄膜的织构分析 [J]. 北京科技大学学报，2000，33（3）：259-261.

[139] Takahashi Y K，Seki T O，Hono K，et al. Microstructure and magnetic properties of FePt and Fe/FePt polycrystalline films with high coercivity [J]. Journal of Applied Physics，2004，96（1）：475-481.

[140] Farkas D，Bringa E，Caro A. Annealing twins in nanocrystalline fcc

metals：a molecular dynamics simulation [J]. Physical Review B，2007，75（18）：4111.

[141] Simões S，Calinas R，Vieira M T，et al. In situ TEM study of grain growth in nanocrystalline copper thin films [J]. Nanotechnology，2010，21（14）：145701.

[142] Hong M H，Hono K，Watanabe M. Microstructure of FePt/Pt magneticthin films with high perpendicular coercivity [J]. Journal of Applied Physics，1998，84（8）：4403-4409.

[143] 毛卫民，朱宏喜，陈冷，等. CVD自支撑金刚石薄膜中的宏观织构与微观孪晶 [J]. 无机材料学报，2006，21（1）：239-244.

[144] Banerjee S，Datta A，Sanyal M K. Study of thin film multilayers using X-ray reflectivity and scanning probe microscopy [J]. Vacuum，2001，60（4）：371-376.

[145] Nakamura N，Yoshimura N，Ogi H，et al. Elastic constants of polycrystalline $L1_0$-FePt at high temperatures [J]. Journal of Applied Physics，2013，114（9）：093506.

[146] De Lima M M，Lacerda R G，Vilcarromero J，et al. Coefficient of thermal expansion and elastic modulus of thin films [J]. Journal of Applied Physics，1999，86（9）：4936-4942.

[147] Wang L W，Shih W C，Wu Y C，et al. Promotion of [001]-oriented $L1_0$-FePt by rapid thermal annealing with light absorption layer [J]. Applied Physics Letters，2012，101（25）：252403.